JN429959

EXCEL과 함께하는

대학수학

COLLEGE MATHEMATICS

EXCEL과 함께하는

대학수학

강윤수 · 박희숙 · 정수연 · 허남구 지음

KM 경문사

머리말

고대 그리스의 피타고라스는 "만물은 수이다"라고 하였으며, 세상의 모든 이치에는 수학적 질서가 있을 것으로 생각하였다. 물론 만물이 수로 이루어졌다는 피타고라스의 생각은 잘못되었지만, 실생활에서 수학이 중요하다는 사실은 부정하기 쉽지 않다.

수는 사람들이 주관적으로 판단할 수 있는 대상에 객관성을 부여하는 방법이다. 예를 들어, "오늘 미세먼지가 많아"라고 표현하는 것보다 "미세먼지 농도가 70 $\mu g/m^2$이야"라고 표현하는 것이 상황을 정확하게 인식하는 데 도움을 준다. 이처럼 우리는 실생활의 다양한 현상을 수로 표현하여 의사소통하며, 다양한 매체에서도 표, 그래프 등의 수학적 표현을 사용하고 있다.

이 책은 상경계열, 인문계열, 사회계열, 예체능계열의 학생들이 수학의 개념, 원리, 법칙 간의 연결성을 탐구하고 실생활에 수학을 적용하여 문제를 해결하는 힘을 신장시켜 주기 위해 만들어진 교재이다. 또한, 학생들이 수학적 지식을 학습한 후 엑셀을 이용하여 주어진 문제를 해결할 수 있도록 도와주는 데 목적이 있다. 한 학기에 이수할 수 있도록 총 6장의 분량으로 구성하였다.

제1장은 '논리'에 관한 기초지식을 제공하는 단원으로 명제, 조건 명제, 술어 논리 등을 소개하고 그 진릿값에 관하여 다룬다.

제2장은 '비와 비율'에 관한 기초지식을 제공하는 단원으로 비와 비율, 비율자료, 할인이나 인상 등을 소개하고 실생활의 예시를 통해 학습한다.

제3장은 '방정식과 부등식'에 관한 기초지식을 제공하는 단원으로 일차방정식, 연립일차방정식, 이차방정식, 일차부등식의 풀이 방법을 소개하고 실생활의 예시를 통해 학습한다.

제4장은 '함수'에 관한 기초지식을 제공하는 단원으로 함수, 일차함수, 이차함수, 지수함수, 로그함수에 관한 소개를 통해 실생활에서 일어나는 다양한 현상을 표현하는 방법을 학습할 것이다.

제5장은 '미분'에 관한 기초지식을 제공하는 단원으로 함수의 극한, 미분, 근사에 관한 소

개를 통해 실생활에서 변화하는 현상을 탐구하여 해석하는 방법을 학습할 것이다.

제6장은 '자료 요약'으로 자료의 종류와 자료를 요약하고 해석하는 방법을 소개하고, 다양한 실생활 자료를 활용하여 자료를 요약하고 또한 자료를 분석하여 해석하는 방법을 학습할 것이다.

학생들이 이 책을 통해 실생활의 여러 상황을 수학적으로 해석하고 비판적으로 사고하는 힘을 기르는 데 도움이 되기를 기대한다. 그리고 이 책이 출판되도록 애써주신 경문사 관계자 분들께 감사드린다.

지은이 일동

차례

제1장 논리

우리는 일상을 살아가면서 다양한 선택의 상황에 놓인다. 이때, 최적의 선택을 하기 위해서는 상황에 대한 타당성을 객관적으로 판단하고 결정해야 한다. 특히 사회의 규칙이나 법칙을 실제 상황에 적용하는 과정에서는 객관적인 사고 과정이 더욱 요구된다. 다음의 상황을 생각해보자.

★ 대학수학 과목의 학점은 다음과 같은 규칙에 따른다.

> (가) 90점 이상이면 A 학점을 부여한다.
> (나) 60점 미만이거나 6번 이상의 무단결석은 F 학점으로 부여한다.
> (다) (가)와 (나)를 모두 만족할 경우, (나)를 우선적으로 적용한다.

☞ 대학수학 과목을 수강하는 세 학생인 도아, 승호, 찬이의 학점은 다음과 같을 때, 세 학생의 학점이 규칙에 맞게 부여되었는지 판단하시오.

1) 도아의 최종 점수는 82점으로 A 학점을 받지 못하였다.
2) 승호는 7번 결석하고 최종 점수 65점으로 F 학점을 받았다.
3) 찬이는 최종 점수가 89점이었고 A 학점을 받았다.

이 장에서는 주어진 상황을 묘사한 복합적인 문장이나 식의 타당성을 판단하는 데 필요한 논리의 기본 개념을 공부한다.

1.1 명제의 연산

고대부터 사람들은 이미 알고 있는 지식을 이용하여 새로운 지식을 이끌어 내는 방법을 찾으려고 노력하였다. 이러한 방법 중 하나는 삼단논법이다. 아리스토텔레스는 4개의 격과 64개의 식을 조합하여 256가지의 삼단논법 유형을 만들었으며, 이를 이용하여 주어진 내용에 대해 옳고 그름을 판단하였다.

18세기 이후, 일부 철학자는 보편적인 언어를 개발하여 기존의 지식을 체계적으로 정리할 수 있다면 모든 진리를 찾을 수 있을 것으로 생각하였다. 하지만 보편적 언어는 개발되지 못하였으며, 현재 거의 모든 철학자는 기존의 체계를 정리할 수 있는 보편적인 언어를 만들 수 없다고 생각한다.

세상의 모든 진리를 찾기 위한 노력은 실패로 끝이 났지만, 문장이나 식을 수학적인 대상으로 간주하여 연산을 통해 새로운 문장이나 식을 만들고 이것의 참과 거짓을 판별하는 이론을 만드는 성과를 거두었다. 특히 20세기에는 문장이나 식의 참과 거짓을 다루는 이론이 논리회로를 통해 컴퓨터에 활용되고 있으며, 인공지능의 발전에도 영향을 주었다.

학습목표

- 논리곱, 논리합, 부정의 뜻을 알고, 진릿값을 구할 수 있다.
- 글 속에서 명제를 찾고, 문장의 참, 거짓을 판별할 수 있다.

"꽃은 아름답다", "2는 1에 가까운 수이다"라는 문장은 사람에 따라 옳은지 그른지를 판단한 결과가 다르게 나타날 수 있다. 예를 들어 "2는 1에 가까운 수이다"의 문장의 경우, 자연수를 이제 막 학습한 학생은 2가 1에 가까운 수라고 판단하겠지만 나노(nano) 단위 등 초미세 단위를 연구하는 사람들은 2가 1에 가까운 수라고 판단하지 않을 수 있다. 이때 두 가지 판단은 틀렸다고 말하기는 어려우며 다르다고 말하는 것이 옳다. 이처럼 어떤 문장이나 식은 사람에 따라 옳은지 그른지에 대한 판단 결과가 다르다.

"대한민국의 수도는 부산이다", "2는 1보다 크다"라는 문장은 사람에 따라 옳은지 그른지를 명확하게 판단할 수 있다. 예를 들어 "2는 1보다 크다"의 문장에 경우, 대부분의 사람들은 옳다고 판단할 것이며 혹여나 옳지 않다고 말하는 사람에 대해서는 틀리게 판단했다고 말할 수 있다. 이처럼 어떤 문장이나 식은 항상 참이나 거짓 중 하나로 명확하게 말할 수 있다.

참이나 거짓 중 하나로 명확하게 말할 수 있는 문장이나 식을 "**명제**"라 하고, 그 명제의 참 또는 거짓을 "**진릿값**"이라 한다. 각 명제에 대한 진릿값은 다음과 같은 표현 방법을 사용한다.

표현 방법 1	표현 방법 2	표현 방법 3
참	True (T)	1
거짓	False (F)	0

이러한 표현 방법으로 위의 두 문장의 진릿값을 나타내면 다음과 같다.

문장	방법 1	방법 2	방법 3
대한민국의 수도는 부산이다.	거짓	False (F)	0
2는 1보다 크다.	참	True (T)	1

일반적으로 문장이나 식에 주관적으로 판단될 수 있는 용어가 포함되어 있으면 명제가 아닐 가능성이 높다. 앞의 두 문장 "꽃은 아름답다", "2는 1에 가까운 수이다"는 "아름답다", "가깝다"라는 주관적으로 판단할 수 있는 용어를 포함하고 있다. 하지만 주관적인 용어가 포함되어 있음에도 불구하고, 대부분의 사람들은 참이나 거짓 중 하나로 명확하게 표현할 경우가 있다. 예를 들어, "민수의 키는 280cm이므로 민수는 키가 크다"라는 문장을 생각해보자. 사람들에게 이 문장이 옳은지 그른지를 판단하라고 할 때, 일부 사람들은 옳지 않다고 말할 수 있지만 대부분 옳다고 이야기할 것이다. 이러한 문장이나 식을 퍼지명제라고 하고, 진릿값은 전체 사람에 대한 참으로 말하는 사람의 비로 0과 1 사이의 수를 이용하여 나타낸다.

이 장에서 퍼지명제는 다루지 않고, 참과 거짓으로 명확하게 구분할 수 있는 명제만 다룬다.

읽기자료 1: 기초연금

기초연금을 받을 수 있는 사람은?

어르신들의 안정된 노후생활을 도와드리기 위해 1988년부터 국민연금 제도가 시행되었지만, 제도가 시행된 지 오래되지 않아 국민연금에 가입하지 못하신 분들이 많고, 가입을 하셨더라도 그 기간이 짧아 충분한 연금을 받지 못하시는 분들도 많다. 따라서 어르신들의 편안한 노후생활을 도와드리고 연금 혜택을 공평하게 나누어 드리기 위하여 기초연금을 드리는 것이다. 또한 현재의 심각한 노인 빈곤문제를 해결하면서, 미래세대의 부담을 덜어드리고 노후에 안정된 혜택을 누릴 수 있도록 기초연금 제도를 도입하게 되었다.

기초연금은 만 65세 이상이고 대한민국 국적을 가지고 계시며 국내에 거주(「주민등록법」제6조 1, 2호에 따른 주민등록자)하는 어르신 중 가구의 소득인정액이 선정기준액 이하인 분들께 드린다.

2023년 선정기준액은 다음과 같다.

구분	단독가구	부부가구
선정기준액	2,020,000	3,232,000

* 부부 중 한 분만 신청하는 경우도 부부가구에 해당된다.
* '소득인정액'이란 원 소득평가액과 재산의 월 소득환산액을 합한 금액을 말한다.
* 공무원연금, 사립학교교직원연금, 군인연금, 별정우체국연금 수급권자 및 그 배우자는 원칙적으로 기초연금 수급대상에서 제외된다.

출처: 보건복지부 기초연금 2023
(https://basicpension.mohw.go.kr/menu.es?mid=a10102010000)

〈읽기자료 1〉을 기반으로 기초연금 수급대상자를 선정하기 위해서는 다음과 같은 사항을 고려해야 할 것이다.

1. 만 65세 이상인가?
2. 대한민국 국적을 가지고 계시는가?
3. 국내에 거주하시는가?
4. 단독가구인가? 부부가구인가?
5. 월 소득인정액은 얼마인가?
6. 공무원연금, 사립학교교직원연금, 군인연금, 별정우체국연금 수급권자 및 그 배우자인가?

위의 사항을 기반으로 다음 세 어르신의 가정이 기초연금 수급대상자인지 판단해보자.

	김씨 어르신	이씨 어르신	박씨 어르신
부부 만 나이	60세, 63세	65세, 68세	70세, 73세
국적	대한민국	대한민국	대한민국
거주 국가	대한민국	대한민국	대한민국
월 소득인정액	3,100,000	2,850,000	3,450,000
공무원연금 등 수급권자 및 배우자 여부	아니오	아니오	아니오

세 어르신의 가정은 모두 대한민국 국적을 가지고 계시며, 국내에 거주 중이다. 또한 공무원연금, 사립학교교직원연금, 군인연금, 별정우체국연금 수급권자 및 그 배우자가 아니다. 위의 기준에서 1, 2, 6번은 모두 만족하므로, 부부의 만 나이와 월 소득인정액을 이용하여 기초연금 수급대상자인지를 판단해야 한다.

문장 "어르신 부부는 만 65세 이상이다"는 참과 거짓을 명확하게 판단할 수 없지만, 문장 "김씨 어르신 부부는 만 65세 이상이다"는 참과 거짓을 명확하게 판단할 수 있는 명제이다. 같은 방법으로 문장 "김씨 어르신 부부의 월 소득인정액은 3,232,000원 이하이다"도 참과 거짓을 명확하게 판단할 수 있는 명제이다.

명제의 연산이란 두 개 이상의 명제들을 이용하여 결합하여 새로운 명제인 합성명제를 만드는 것으로, 대표적인 예로 '… 이고(and) …'와 '… 이거나(or) …'가 있다.

앞의 〈읽기자료 1〉에서 두 명제

> p: 김씨 어르신 부부는 만 65세 이상이다.
> q: 김씨 어르신 부부의 월 소득인정액은 3,232,000원 이하이다.

의 참, 거짓을 생각해보자.

위의 표에서 김씨 어르신 댁 부부의 만 나이는 60세, 63세로 65세 이하이므로 명제 p의 진릿값은 거짓이고, 월 소득인정액이 3,100,000원으로 3,232,000원보다 적으므로 참임을 알 수 있다.

두 명제 p와 q를 "p이고(and) q이다"의 형식으로 연결하여 만든 합성명제

> "김씨 어르신 부부는 만 65세 이상이고, 김씨 어르신 부분의 월 소득인정액은 3,232,000원 이하이다"

의 형태로 결합할 수 있다. 이와 같이 두 명제 p와 q를 "p이고(and) q이다"의 형식으로 결합하는 연산을 **논리곱**이라고 한다.

❙ 정의 1.1.1

두 명제 p, q에 대하여 "p이고 q이다"의 형식으로 결합하는 연산을 **논리곱**(conjunction)이라 한다. p와 q의 논리곱은 $\boldsymbol{p \wedge q}$로 표시하며, $p \wedge q$의 진릿값은 p와 q의 진릿값에 따라 다음과 같이 정의된다.

p의 진릿값	q의 진릿값	$p \wedge q$의 진릿값
T	T	T
T	F	F
F	T	F
F	F	F

정의 1.1.1에 따르면, 논리곱 $p \wedge q$의 진릿값은 두 명제 p와 q가 모두 참일 때만 참이 되고 어느 하나라도 거짓이면 $p \wedge q$는 거짓이다. 또한 다음과 같이 $p \wedge q$와 $q \wedge p$가 같음을 알 수 있다.

p의 진릿값	q의 진릿값	$p \wedge q$의 진릿값	$q \wedge p$의 진릿값
T	T	T	T
T	F	F	F
F	T	F	F
F	F	F	F

위에서 제시한 합성명제 "김씨 어르신 부부는 만 65세 이상이고, 김씨 어르신 부분의 월 소득인정액은 3,232,000원 이하이다"의 진릿값은 명제 p가 거짓이고, 명제 q는 참이므로 정의 1.1.1에 따라 거짓이다.

참고

일상에서 일어나는 상황에 대해 논리적으로 판단하는 것은 매우 중요하다. 하지만 일상어에 (수학적인) 논리를 적용하는 데 있어 사회문화적인 배경이 작용할 수 있음에 주의해야 한다. 예를 들어,

철수는 사고를 당했고, 철수는 병원을 갔다.
철수는 병원을 갔고, 철수는 사고를 당했다.

위의 두 문장은 "철수는 사고를 당했다"와 "철수는 병원을 갔다"라는 명제를 합성한 것이다. 이때, 명제 "철수는 사고를 당했다"를 p, 명제 "철수는 병원을 갔다"를 q라고 하면

"철수는 사고를 당했고, 철수는 병원을 갔다"는 $p \wedge q$
"철수는 병원을 갔고, 철수는 사고를 당했다"는 $q \wedge p$

로 나타낼 수 있다.

논리학에서는 $p \wedge q$와 $q \wedge p$의 진릿값은 서로 같지만, 위의 예를 일상어로 해석할 때는 진릿값을 서로 다르게 판단될 수 있다. 일상어의 관점에서 $p \wedge q$는 철수가 사고가 난 이후 병원을 간 것으로 판단할 가능성이 높지만, $q \wedge p$는 철수가 병원을 갔고 (의료)사고를 당한 것으로 생각할 수 있기 때문이다. 일상어의 표현에서는 암묵적으로 시간과 관련되어 있을 수 있어 이러한 문제가 발생할 수 있다.

예제 1

주 제	논리곱
문 제	다음 명제 p, q에 대하여 논리곱 $p \wedge q$을 말하고, 진릿값을 구하시오. 〈읽기자료 1〉에서 p: 이씨 어르신 부부는 만 65세 이상이다. q: 이씨 어르신 부부의 월 소득인정액은 3,232,000원 이하이다.

❶ 명제 p, q에 대하여 각 명제의 참, 거짓을 판별하시오.

"p : 이씨 어르신 부부는 만 65세 이상이다"는 부부의 만 나이가 65세, 68세이므로 참이다.

"q : 이씨 어르신 댁의 소득인정액은 3,232,000원 이하이다"는 이씨 어르신 댁의 소득인정액이 2,850,000원이므로 참이다.

❷ 명제 p, q에 대하여 논리곱(p 이고 q이다.)을 말하시오.

논리곱($p \wedge q$) : 이씨 어르신 부부는 만 65세 이상이고, 이씨 어르신 부부의 월 소득인정액은 3,232,000원 이하이다.

❸ 일상어의 관점에서 ❶, ❷를 이용하여 $p \wedge q$의 진릿값을 판별하고, 기초연금 수급대상자인지 판별하시오.

이씨 어르신 부부는 만 65세와 만 68세로 모두 만 65세 이상이고, 이씨 어르신 부부의 월 소득인정액은 2,850,000원으로 3,232,000원 이하이다. 따라서 $p \wedge q$는 참이고, 기초연금 수급대상자이다.

❹ 진리표를 이용하여 논리곱의 진릿값을 확인하고, 기초연금 수급대상자인지 판별하시오.

p	q	$p \wedge q$
T	T	T

$p \wedge q$는 참이므로 기초연금 수급대상자이다.

문제 1

주 제	논리곱
문 제	다음 명제 p, q에 대하여 논리곱 $p \wedge q$를 말하고, 진릿값을 구하시오. p : 영국의 수도는 런던이다. q : 미국의 수도는 뉴욕이다.

❶ 명제 p, q에 대하여 각 명제의 참, 거짓을 판별하시오.

❷ 명제 p, q에 대하여 논리곱(p 이고 q이다.)을 말하시오.

❸ 일상어의 관점에서 ❶, ❷를 이용하여 $p \wedge q$의 진릿값을 판별하시오.

❹ 진리표를 이용하여 논리곱의 진릿값을 확인하시오.

p	q	$p \wedge q$

활동 1

주 제	논리곱
문 제	〈읽기자료 1〉과 같이 대학 입학 자격, 해병대 지원 자격 등 특정 조건을 모두 만족하는지를 판단해야 하는 경우가 있다. 자격증 응시 자격이나 회사 입사 시험 응시 자격과 같이 자신이 관심있는 주제를 하나 선정하고, 요구하는 조건을 모두 만족하는지 판단하시오.

❶ 관심있는 주제를 적으시오.

예) 졸업 요건

❷ 논리곱과 관련하여 요구되는 조건을 찾아 적으시오.

예) 140 학점 이상 이수, 졸업논문 합격

❸ 요구되는 조건에 대해 명제로 표현하시오.

예) p: 140 학점 이상 이수하였다. q: 졸업논문을 합격하였다.

❹ 진리표를 이용하여 논리곱의 진릿값을 확인하고 논리곱의 진릿값이 '거짓'일 경우, 어떤 부분을 충족시키기 위해 노력해야 하는지를 찾으시오.

읽기자료 2: 취업과 가산점

다음은 2023년 한국수력원자력(주)의 채용 공고의 일부이다.

❑ **자격·면허 가점 세부내용**

❍ **(점수산정) 선발분야 공통 / 사무 / 기술 분야로 구분하여 점수 부여**

- (공통, 2점) 한국어, 한국사, IT, 영어스피킹

분 야	배 점	대 상
한국어	2점	KBS한국어능력시험 3+급 이상 / 한국실용글쓰기 630점 이상
한국사	2점	한국사능력검정시험 3급 이상
IT	2점	컴퓨터활용능력(대한상공회의소) 1급 / 사무자동화산업기사
영어스피킹	2점	TOEIC스피킹 AL 이상 / TEPS스피킹 68점 이상 / OPIc IH 이상

※ 동일분야 내 중복 자격증이 있는 경우 1개만 인정(ex: 한국실용글쓰기, KBS한국어능력시험 → 2점)

이 회사에 지원한 민재와 광수는 IT 분야의 가점을 받을 수 있는지 알아보고자 한다. 민재는 워드프로세서 1급과 정보처리기사 자격증만 가지고 있으며, 광수는 사무자동화산업기사와 정보처리산업기사 자격증만 가지고 있다. 민재와 광수는 IT분야의 가점을 받을 수 있을까?

민재와 광수가 IT분야에서 가점을 받을 수 있는지를 판단하기 위해서는 컴퓨터활용능력 1급 또는 사무자동화산업기사 자격증을 가지고 있는지 판단해야 한다.

문장 "민재는 컴퓨터활용능력 1급 또는 사무자동화산업기사 자격증을 가지고 있다"는 참과 거짓을 명확하게 판단할 수 있는 명제이다. 같은 방법으로 문장 "광수는 컴퓨터활용능력 1급 또는 사무자동화산업기사 자격증을 가지고 있다"도 참과 거짓을 명확하게 판단할 수 있는 명제이다.

앞의 〈읽기자료 2〉에서 두 명제

p: 민재는 컴퓨터활용능력 1급 자격증을 가지고 있다.

q: 민재는 사무자동화산업기사 자격증을 가지고 있다.

의 참, 거짓을 생각해보자.

위의 표에서 민재는 워드프로세서 1급과 정보처리기사 자격증만 가지고 있으므로 명제 p, q의 진릿값은 모두 거짓임을 알 수 있다.

두 명제 p와 q를 "p이거나(or) q이다"의 형식으로 연결하여 만든 합성명제

"민재는 컴퓨터활용능력 1급 자격증을 가지고 있거나 민재는 사무자동화산업기사 자격증을 가지고 있다"

의 형태로 결합할 수 있다. 이와 같이 두 명제 p와 q를 "p이거나(or) q이다"의 형식으로 결합하는 연산을 **논리합**이라고 한다.

정의 1.1.2

두 명제 p, q에 대하여 "p이거나 q이다"의 형식으로 결합하는 연산을 **논리합**(disjunction)이라 한다. p와 q의 논리합은 $\boldsymbol{p \vee q}$로 표시하며, $p \vee q$의 진릿값은 p와 q의 진릿값에 따라 다음과 같이 정의된다.

p의 진릿값	q의 진릿값	$p \vee q$의 진릿값
T	T	T
T	F	T
F	T	T
F	F	F

정의 1.1.2에 따르면, 논리합 $p \vee q$의 진릿값은 두 명제 p와 q 중 어느 하나라도 참이면 $p \vee q$는 참이고, p와 q 모두 거짓일 때만 $p \vee q$는 거짓이다. 또한 다음과 같이 $p \vee q$와 $q \vee p$가 같음을 알 수 있다.

p의 진릿값	q의 진릿값	$p \vee q$의 진릿값	$q \vee p$의 진릿값
T	T	T	T
T	F	T	T
F	T	T	T
F	F	F	F

위에서 제시한 합성명제 "민재는 컴퓨터활용능력 1급 자격증을 가지고 있거나 민재는 사무자동화산업기사 자격증을 가지고 있다"의 진릿값은 명제 p가 거짓이고, 명제 q는 거짓이므로 정의 1.1.2에 따라 거짓이다.

예제 2

주 제	논리합
문 제	다음 명제 p, q에 대하여 논리합 $p \vee q$를 말하고, 진릿값을 구하시오. 〈읽기자료 2〉에서 p: 광수는 컴퓨터활용능력 1급 자격증을 가지고 있다. q: 광수는 사무자동화산업기사 자격증을 가지고 있다.

❶ 명제 p, q에 대하여 각 명제의 참, 거짓을 판별하시오.

광수는 사무자동화산업기사와 정보처리산업기사 자격증만 가지고 있으므로 명제 "p: 광수는 컴퓨터활용능력 1급 자격증을 가지고 있다"는 거짓이고, 명제 "q: 광수는 사무자동화산업기사 자격증을 가지고 있다"는 참이다.

❷ 명제 p, q에 대하여 논리합(p 이거나 q이다.)을 말하시오.

논리합($p \vee q$): 광수는 컴퓨터활용능력 1급 자격증을 가지고 있거나 광수는 사무자동화산업기사 자격증을 가지고 있다.

❸ 일상어의 관점에서 ❶,❷를 이용하여 $p \wedge q$의 진릿값을 판별하고, IT분야 가점을 받을 수 있는지 판별하시오.

광수는 컴퓨터활용능력 1급 자격증은 가지고 있지 않지만, 사무자동화산업기사 자격증을 가지고 있으므로 $p \vee q$는 참이다. 따라서 광수는 IT분야 가점을 받을 수 있다.

❹ 진리표를 이용하여 논리곱의 진릿값을 확인하고, IT분야 가점을 받을 수 있는지 판별하시오.

p	q	$p \vee q$
F	T	T

$p \vee q$는 참이므로 IT분야 가점을 받을 수 있다.

문제 2

주 제	논리곱
문 제	다음 명제 p, q에 대하여 논리합 $p \vee q$를 말하고, 진릿값을 구하시오. p: 개미는 곤충이다. q: 꿀벌은 곤충이다.

❶ 명제 p, q에 대하여 각 명제의 참, 거짓을 판별하시오.

❷ 명제 p, q에 대하여 논리곱(p 이거나 q이다.)을 말하시오.

❸ 일상어의 관점에서 ❶, ❷를 이용하여 $p \vee q$의 진릿값을 판별하시오.

❹ 진리표를 이용하여 논리곱의 진릿값을 확인하시오.

p	q	$p \vee q$
F	T	T

활동 2

주 제	논리합
문 제	〈읽기자료 2〉와 같이 취업시 병역 관련 사항(면제 또는 병역필), 특별전형 요건, 가점 요건 등 제시된 조건 중 만족하는 것이 있는지를 판단해야 하는 경우가 있다. 자신이 관심있는 주제를 하나 선정하고, 제시된 조건들을 논리곱과 논리합을 이용하여 나타내고 자신이 요구하는 조건에 부합되는지를 판단하시오.

❶ 관심있는 주제를 적으시오.

예) 아르바이트 구인 광고

❷ 요구되는 조건을 모두 찾아 적으시오.

예) 병역 면제 또는 병역필

❸ 요구되는 조건에 대해 명제로 표현하시오.

예) p: 병역 면제 대상자이다.　q: 병역을 마쳤다.

❹ 진리표를 이용하여 진릿값을 확인하고, 만약 진릿값이 '거짓'일 경우, 어떤 부분을 충족시키기 위해 노력해야 하는지를 찾아보시오.

일상어에서 결합하는 문장 사이에는 대개 관련성이 높다. 이는 사람들 사이의 의사소통에 있어 대화하는 주제의 맥락 안에서 서로 문장을 말하기 때문이다. 하지만 논리학에서는 서로 관련성이 없는 경우를 다루기도 한다.

예를 들어 일상어에서 두 사람의 대화가

철민: 3은 1보다 큰 수래.
민지: 꿀벌은 곤충이래.

라는 상황을 가정하면 두 사람 사이에 의사소통이 잘 이루어지지 않고 있다고 말할 수 있다. 왜냐하면 "3은 1보다 큰 수이다"와 "꿀벌은 곤충이다"는 서로 관련성이 적어 대화의 맥락에서 어울리지 않을 가능성이 높기 때문이다. 하지만 논리학에서 "3은 1보다 큰 수이고, 꿀벌은 곤충이다"와 같은 합성명제를 다룰 수 있다. 이는 논리학이 명제의 형식과 명제 사이의 관계를 다루는 것이지 주제 자체나 그 맥락을 다루는 것이 아니기 때문이다.

우리는 명제의 연산(논리곱과 논리합)을 이용하여 두 개의 명제로부터 하나의 새로운 명제를 만들 수 있었다. 다음은 하나의 명제를 이용하여 새로운 명제를 만드는 방법을 나타낸 것이다.

일상에서 "A는 B이다"라는 문장에서 생각할 수 있는 문장으로 "A는 B가 아니다"가 있다. 예를 들어 "p : 펭귄은 동물이다"로부터 "q : 펭귄은 동물이 아니다"를 만들 수 있다. 이와 같이 명제 p에 대하여 "p가 아니다" 형식의 명제를 명제 p의 **부정**이라고 한다.

정의 1.1.3

명제 p에 대하여 "p가 아니다" 형식의 명제를 p의 **부정**(negation)이라 한다. 명제 p의 부정을 $\sim p$ (또는 $\neg p$)로 표시하며, "not p"라 읽는다. $\sim p$의 진릿값은 p의 진릿값에 따라 다음과 같이 정의된다.

p의 진릿값	$\sim p$의 진릿값
T	F
F	T

p의 부정 $\sim p$는 "p가 아니다"라는 문장으로 표현되지만, "p는 사실이 아니다"라는 문장으로 표현되기도 한다. 예를 들어

p: 펭귄은 포유류이다.

라는 명제 p의 부정은

$\sim p$: 펭귄은 포유류가 아니다.

또는

$\sim p$: 펭귄이 포유류라는 것은 사실이 아니다.

라고 나타낼 수 있다.

위의 예에서 $\sim(\sim p) = p$임을 알 수 있다. 일반적으로 $\sim(\sim p) = p$이다.

예제 3

주 제	명제의 부정
문 제	명제 "p: 2024년 하계올림픽의 개최지는 프랑스 파리이다"의 부정 명제를 말하고 참, 거짓을 판별하시오.

❶ 주어진 명제의 부정을 말하시오..

$\sim p$: 2024년 하계올림픽의 개최지는 프랑스 파리가 아니다.

별해) $\sim p$: 2024년 하계올림픽의 개최지가 프랑스 파리라는 것은 사실이 아니다.

❷ 명제 p와 $\sim p$의 참, 거짓을 판별하시오.

제33회 하계올림픽은 2024년 7월 26일부터 8월 11일까지 프랑스 파리에서 개최된다. 따라서 명제 p는 참이고, 부정 $\sim p$는 거짓이다.

❸ 진리표를 이용하여 부정 명제의 진릿값을 확인하시오.

p	$\sim p$
T	F

문제 3

주 제	글 속에서 명제 찾기, 문장을 기호로 나타내기
문 제	* 아래 글을 바탕으로 문제를 해결하시오. 『교육부와 한국직업능력연구원은 "2022년 초중등 진로교육 현황 조사" 결과를 발표하였다. 이는 초등학교 6학년생 6929명, 중학교 3학년생 8649명, 고등학교 2학년생 7124명 총 22702명의 희망 직업을 조사한 결과이다. 초등학생의 희망 직업 조사에서 1위는 운동선수(9.8%), 2위는 교사(6.5%), 3위는 크리에이터(6.1%), 4위는 의사(6.0%)를 차지하였다. 크리에이터를 희망하는 학생이 늘어난 것은 디지털 기기 노출이 잦아진 영향으로 풀이된다. 또한 유튜브와 틱톡 등 영상 콘텐츠로 수익을 올리는 경우가 늘면서 초등학생의 장래 희망에도 영향을 끼치고 있다는 분석이 나온다. 2023년의 유튜브 크리에이터가 수익을 창출하기 위한 조건은 다음과 같다. 1. YPP에 가입해야 한다. 2. 구독자 1000명 이상이어야 한다. 3. 12개월 내 영상 시청시간 4000시간 이상 또는 쇼츠 1000만 이상의 조회수가 있어야 한다.』 다음 명제를 이용하여 다음 문장을 기호로 나타내시오. p: 철수는 YPP에 가입하였다. q: 철수의 구독자 수는 1,000명 이상이다. r: 철수의 최근 12개월 내 영상 시청시간은 4000시간 이상이다. s : 철수의 최근 12개월 내 쇼츠의 조회수는 1000만 이상이다.

❶ 철수가 유튜브 크리에이터로 수익을 창출하고자 한다. 2023년 기준으로 수익창출을 위한 조건을 네 명제 p, q, r, s를 이용하여 합성명제로 나타내시오.

❷ 철수가 유튜브 수익창출을 위한 조건을 만족하는지를 알아보기 위해 살펴본 정보는 다음과 같다. 『철수는 유튜브 크리에이터로서 YPP에 가입한 상태이다. 현재 구독자수는 1200명이다. 최근 12개월 내 영상 시청시간은 3000시간이고, 쇼츠의 조회수는 1200만회이다.』

❷-1 ❷의 『』 안의 문장을 p, q, r, s와 관련된 명제로 분해하시오.

❷-2 ❷의 『』 안의 문장을 바탕으로 네 명제 p, q, r, s의 진릿값을 구하시오.

❷-3 진리표를 이용하여 ❶의 합성명제의 진릿값을 구하시오.

❷-4 위의 결과를 이용하여 철수가 유튜브 수익창출을 할 수 있는지 설명하시오.

앞서 우리는 주어진 명제들을 이용하여 새로운 명제를 만드는 방법으로 부정, 논리곱, 논리합을 살펴보았다. 그렇다면 논리학의 측면에서 부정, 논리곱, 논리합 사이에 어떠한 관계가 있을까?

논리학에서 서로 다른 두 명제인 p, q의 진릿값이 항상 일치하면 p와 q는 동일한 것으로 간주한다. 이러한 점에서 $p \vee q = q \vee p$, $p \wedge q = q \wedge p$라 말할 수 있다.

진리표를 이용하여 $\sim (p \wedge q)$와 $(\sim p) \vee (\sim q)$의 진릿값을 구해보자.

p	q	$p \wedge q$	$\sim (p \wedge q)$	$\sim p$	$\sim q$	$(\sim p) \vee (\sim q)$
T	T	T	F	F	F	F
T	F	F	T	F	T	T
F	T	F	T	T	F	T
F	F	F	T	T	T	T

위의 진리표를 통하여 $\sim (p \wedge q) = (\sim p) \vee (\sim q)$임을 알 수 있다. 같은 방법으로 $\sim (p \vee q) = (\sim p) \wedge (\sim q)$도 성립한다. 이를 드모르간 법칙(De Morgan's Law)이라 한다.

▌정리 1.1.4 드모르간 법칙

두 명제 p, q에 대하여 다음이 성립한다.

① $\sim (p \wedge q) = (\sim p) \vee (\sim q)$

② $\sim (p \vee q) = (\sim p) \wedge (\sim q)$

드모르간의 법칙을 이용하여 $\sim ((\sim p) \wedge (\sim q))$를 계산해보자.

$$\begin{aligned} \sim ((\sim p) \wedge (\sim q)) &= (\sim (\sim p)) \vee (\sim (\sim q)) \\ &= p \vee q \end{aligned}$$

이다. 즉, $p \vee q = \sim ((\sim p) \wedge (\sim q))$이다.

위의 식은 논리합을 논리곱과 부정을 이용하여 나타낼 수 있음을 의미한다. 이러한 이유로 논리학과 관련된 전공 서적에서는 논리곱과 부정을 먼저 다룬 후, 논리합을 논리곱과 부정의 합성명제로 정의하기도 한다. 하지만 고등학교 교과서의 명제 단원이나 대부분의 교양서적은 논리곱, 논리합, 부정의 순서로 다루고 있다.

1.2 조건 명제

우리는 일상에서 조건이 포함한 문장을 사용하여 대화하기도 한다. 민수가 지윤이와 함께 점심을 먹으러 갈 때 지윤이가 민수에게 다음과 같은 말을 하였다.

"네(민수)가 커피를 사면 내(지윤)가 밥을 살게"

이 문장은 두 문장 '네(민수)가 커피를 산다.'와 '내(지윤)가 밥을 산다.'가 결합된 형태로 볼 수 있다.

이러한 상황에서 두 가지 경우에 대해 생각해보자.

1) 민수가 커피를 샀지만 지윤이가 밥을 사지 않았을 때
"네가 커피를 사면 내가 밥을 살게"라는 말은 지윤이가 민수에게 한 거짓말이라고 판단할 수 있다.
2) 민수가 커피를 샀고 지윤이가 밥을 샀을 때
"네가 커피를 사면 내가 밥을 살게"라는 말은 참말이라고 판단할 수 있다.

이처럼 일상에서 조건이 붙은 문장은 참말인지 거짓말인지 판단할 수 있다. 우리는 논리학의 관점에서 조건이 붙은 문장이나 식에 대하여 참과 거짓을 판별할 수 있는지를 살펴볼 것이다.

이 절에서는 "…이면 …이다"의 형태로 결합된 명제에 대해서 살펴볼 것이다.

학습목표

- 조건 명제와 쌍조건 명제의 뜻을 알고, 진릿값을 구할 수 있다.
- 필요조건, 충분조건, 필요충분조건의 뜻을 말할 수 있다.
- 조건 명제를 이용하여 실생활 문제를 논리적으로 해결할 수 있다.

읽기자료 3: 배달업체와의 약속기초연금

> 호진이는 배달 애플리케이션을 이용하여 음식을 주문하였다. 음식 업체에서는 음식이 맛있게 느껴졌다면 별표(★) 5개를 눌러달라고 요청하였으며, 호진이는 그 약속을 지키겠다고 말하였다.
>
> 음식을 먹은 호진이는 음식이 생각보다 맛이 없다고 느꼈다. 호진이는 배달 애플리케이션에 등록한 별표(★)의 개수를 고민하였지만, 이내 5개의 별을 눌렀다.

호진이는 음식을 맛있다고 느끼지 못하였지만, 별표(★) 5개를 등록하였다. 호진이는 음식 업체와의 약속을 지키지 않은 것인가?

앞의 〈읽기자료 3〉에서 호진이가 음식 업체와 한 약속을 나타내보면 다음과 같다.

"음식이 맛있게 느껴졌다면 별표(★) 5개를 누르겠다"

호진이가 음식 업체와 한 약속이 참말인지 거짓말인지를 논리적으로 살펴보자. 우선 호진이가 음식 업체와 한 약속은 두 문장 "호진이는 음식이 맛있다고 느꼈다"과 "호진이는 별표(★) 5개를 눌렀다"로 나누어 살펴볼 수 있다. 이제 논리의 관점에서 살펴보자.

두 명제

p: 호진이는 음식이 맛있다고 느꼈다.
q: 호진이는 별표(★) 5개를 눌렀다.

를 "…이면 …이다"의 형식으로 연결하여 만든 새로운 명제

"호진이는 음식이 맛있다고 느꼈으면 호진이는 별표 5개를 눌렀다"

를 생각할 수 있다.

이처럼 두 명제 p, q를 "p이면 q이다"의 형식으로 결합할 수 있으며, 이러한 명제를 **조건 명제**라고 부른다.

❙ 정의 1.2.1

두 명제 p, q에 대하여

p이면 q이다

는 **조건 명제**(conditional proposition) 또는 조건문이라고 한다. 조건 명제 "p이면 q이다"는 간단하게 $p \to q$와 같이 나타낸다. 조건 명제 $p \to q$의 진릿값은 두 명제 p, q의 진릿값에 따라 다음과 같이 정의된다.

p의 진릿값	q의 진릿값	$p \to q$의 진릿값
T	T	T
T	F	F
F	T	T
F	F	T

이때, 명제 p를 가정(또는 가설, 전제)라고 하며, 명제 q를 결론(또는 결과)라고 부른다. 조건 명제 $p \to q$가 참이면 $p \Rightarrow q$로 나타내기도 한다.

일상어의 관점에서 명제 p의 진릿값이 참일 때 조건 명제 $p \to q$의 진릿값이 명제 q의 진릿값과 같다는 것은 예를 통해 쉽게 이해할 수 있다. 앞서 제시한 예를 살펴보자.

> 친구와 함께 점심을 먹으러 갈 때, "네(민수)가 커피를 사면 내(지윤)가 밥을 살게"라고 말을 하는 경우가 있다.

위의 예에서 두 문장을 각각 명제 p, q라 하면 즉,

p: 민수가 커피를 샀다.
q: 지윤이가 밥을 샀다.

문장 "민수가 커피를 사면 지윤이가 밥은 산다"는 조건 명제 $p \to q$로 나타낼 수 있다. 명제 p가 참인 경우, 즉 민수가 커피를 산 두 경우를 생각해보자.

1) 지윤이가 밥을 샀을 때에는 참말로 판단할 수 있다. 즉, 명제 q가 참이면 조건 명제 $p \to q$는 참이다.
2) 지윤이가 밥을 사지 않았을 때에는 거짓말로 판단할 수 있다. 즉, 명제 q가 거짓이면 조건 명제 $p \to q$는 거짓이다.

만약 명제 p가 거짓인 경우, 즉 민수가 커피를 사지 않았다면 어떻게 판단해야 할까? 이 경우에는 $p \to q$가 명제임을 이용하여 생각해보자. $p \to q$가 명제이므로 참이나 거짓 중 하나만 진릿값으로 갖는다. 따라서 $p \to q$가 참이 아니라면 $p \to q$는 거짓이다. 또한 $p \to q$가 거짓이 아니라면 $p \to q$는 참이다.

명제 p가 거짓인 경우, 즉 민수가 커피를 사지 않은 경우를 생각해보자.

1) 지윤이가 밥을 샀다면, 지윤이가 민수에게 거짓말을 했다고 할 수 있을까? 일상어의 관점에서 민수가 커피를 사지 않았더라도 지윤이가 밥을 샀을 때, 지윤이가 잘못한 것이라고 말할 수 없다. 즉, 지윤이의 말이 거짓이라고 할 수 없다. 따라서 지윤이의 말

   "민수가 커피를 사면 지윤이가 밥은 산다"

   가 참이라고 하는 것이 타당하다. 따라서 명제 p가 거짓이고, 명제 q가 참이면 명제 $p \to q$가 참이라고 보는 것이 논리적으로 타당하다.

2) 지윤이가 밥을 사지 않았을 때, 지윤이가 민수에게 거짓말을 했다고 할 수 있을까? 일상어의 관점에서 민수가 커피를 사면 지윤이가 밥을 산다고 하였으므로 지윤이에게 잘못을 말할 수는 없다. 즉, 지윤이의 말이 거짓이라고 할 수 없다. 따라서 지윤이의 말

   "민수가 커피를 사면 지윤이가 밥은 산다"

   가 참이라고 하는 것이 타당하다. 따라서 명제 p가 거짓이고, 명제 q가 거짓이면 명제 $p \to q$가 참이라고 보는 것이 논리적으로 타당하다.

예제 1

주 제	조건 명제
문 제	다음 명제 p, q에 대하여 조건문 $p \to q$의 진릿값을 구하시오. 〈읽기자료 3〉에서 p: 호진이는 음식이 맛있다고 느꼈다. q: 호진이는 별표(★) 5개를 눌렀다.

❶ 명제 p, q에 대하여 각 명제의 참, 거짓을 판별하시오.

p는 거짓이고, q는 참이다.

❷ 명제 p, q에 대하여 조건 명제(p 이면 q이다.)를 말하시오.

호진이는 음식이 맛있다고 느꼈다면 별표(★) 5개를 눌렀다.

❸ 일상어의 관점에서 ❶, ❷를 이용하여 조건 명제 $p \to q$의 진릿값을 판별하시오.

호진이가 음식을 맛있다고 느끼지 않을 때에 별표를 5개를 누르지 않는다는 말을 하지 않았다. 따라서 $p \to q$가 거짓이 아니다. 즉, $p \to q$는 참이다.

❹ 진리표를 이용하여 조건 명제 $p \to q$의 진릿값을 확인하시오.

p	q	$p \to q$
F	T	T

문제 1

주 제	조건 명제
문 제	수연이는 고등학교에 입학한 이후 공부를 열심히 하기로 생각하였다. 이를 알게 된 아버지께서는 이번 학기 내신 등급이 3등급보다 좋으면 노트북을 사주겠다고 약속하였다. 평소 약속은 꼭 지키는 아버지이시기에, 수연이는 더욱 열심히 공부하였다. 하지만 아쉽게도 수연이의 내신 등급은 3.5등급에 그치고 말았다. 하지만 아버지께서는 수연이가 열심히 공부한 모습을 보고 새 노트북을 사주셨다.

❶ 아버지의 약속을 찾아 조건이 포함된 문장으로 나타내시오.

❷ ❶의 문장을 두 명제 p, q로 나누시오.

❸ ❶의 문장을 두 명제 p와 q의 논리곱, 논리합, 부정, 조건 명제로 표현하시오.

❹ ❷의 두 명제 p, q의 진릿값을 구하시오.

❺ 일상어의 관점에서 ❶의 문장의 참과 거짓을 판별하시오.

❻ 진리표를 이용하여 ❸의 진릿값을 확인하시오.

p	q	❸

활동 1

주 제	조건 명제
문 제	〈읽기자료 3〉와 같이 조건을 포함한 문장을 찾아 세부적인 명제로 나누어보시오.

❶ 조건을 포함한 문장을 찾으시오.

❷ ❶의 문장을 세부적인 명제로 나누시오.

❸ ❶의 문장을 ❷의 세부적인 명제의 논리곱, 논리합, 부정, 조건 명제로 표현하시오.

❹ ❷의 세부 명제의 진릿값을 구하시오.

❺ 일상어의 관점에서 ❶의 문장의 참과 거짓을 판별하시오.

❻ 진리표를 이용하여 ❸의 진릿값을 확인하시오.

	❸

두 명제 p, q를 이용하여 두 조건 명제 $p \to q$와 $q \to p$를 생각할 수 있다. 이때, 두 조건 명제 $p \to q$와 $q \to p$를 논리곱으로 연결하여 새로운 명제를 만들 수 있으며, 그것은 다음과 같다.

"p이면 q이고, q이면 p이다"

이처럼 두 명제 p, q를 "p이면 q이고, q이면 p이다"의 형식으로 결합할 수 있으며, 이러한 명제를 쌍조건 명제라고 부른다.

정의 1.2.2

명제 p, q에 대하여, 명제

"p이면 q이고, q이면 p이다"

를 **쌍조건 명제**(biconditional proposition) 또는 쌍조건문이라고 한다. 쌍조건 명제 "p이면 q이고, q이면 p이다"는 간단하게 $p \leftrightarrow q$와 같이 나타낸다.

쌍조건 명제 $p \leftrightarrow q$가 참이면 $p \Leftrightarrow q$로 나타내기도 한다.

쌍조건 명제의 진릿값을 조건 명제와 논리곱을 이용하여 구해보자.

p	q	$p \to q$	$q \to p$	$(p \to q) \wedge (q \to p)$
T	T	T	T	T
T	F	F	T	F
F	T	T	F	F
F	F	T	T	T

위의 내용을 정리하여 쌍조건 명제 $p \leftrightarrow q$의 진릿값을 두 명제 p, q를 이용하여 나타내면 다음과 같다.

p	q	$p \leftrightarrow q$
T	T	T
T	F	F
F	T	F
F	F	T

위의 표에 제시된 쌍조건 명제 $p \leftrightarrow q$의 진릿값을 두 명제 p, q와 관련지어 정리하면 다음과 같다.

(1) p, q가 모두 참이면 $p \leftrightarrow q$는 참
(2) p가 참, q가 거짓이면 $p \leftrightarrow q$는 거짓
(3) p가 거짓, q가 참이면 $p \leftrightarrow q$는 거짓
(4) p, q가 모두 거짓이면 $p \leftrightarrow q$는 참

이 됨을 알 수 있다. 즉, 쌍조건 명제 $p \leftrightarrow q$가 참인 경우는 p와 q가 모두 참이거나 모두 거짓인 경우뿐이다.

예제 2

주 제	쌍조건 명제
문 제	다음 두 명제의 쌍조건 명제 $p \leftrightarrow q$의 진릿값을 구하시오. p: 고래는 어류이다. q: 닭은 조류이다.

❶ 두 명제 p, q에 대하여 각 명제의 참, 거짓을 판별하시오.
고래는 포유류이므로 명제 p는 거짓이다. 또한 닭은 조류이므로 명제 q는 참이다.

❷ 두 조건 명제 $p \rightarrow q$, $q \rightarrow p$의 참, 거짓을 판별하시오.
❶에서 p는 거짓이고, q는 참이므로 조건 명제 $p \rightarrow q$는 참이고, 조건 명제 $q \rightarrow p$는 거짓이다.

❸ ❶을 이용하여 쌍조건 명제 $p \leftrightarrow q$의 진릿값을 판별하시오.
두 명제 p, q의 진릿값이 다르므로 쌍조건 명제 $p \leftrightarrow q$의 진릿값은 거짓이다.

❹ ❷를 이용하여 쌍조건 명제 $p \leftrightarrow q$의 진릿값을 판별하시오.
조건 명제 $p \rightarrow q$는 참이고, 조건 명제 $q \rightarrow p$는 거짓이므로 쌍조건 명제 $p \leftrightarrow q$의 진릿값은 거짓이다.

문제 2

주 제	쌍조건 명제
문 제	다음 두 명제 p, q의 쌍조건 명제 $p \leftrightarrow q$의 진릿값을 구하시오. p: 한국의 국기는 태극기이다. q: 한국의 국화는 무궁화이다.

❶ 두 명제 p, q에 대하여 각 명제의 참, 거짓을 판별하시오.

❷ 두 조건 명제 $p \rightarrow q$, $q \rightarrow p$의 참, 거짓을 판별하시오.

❸ ❶을 이용하여 쌍조건 명제 $p \leftrightarrow q$의 진릿값을 판별하시오.

❹ ❷를 이용하여 쌍조건 명제 $p \leftrightarrow q$의 진릿값을 판별하시오.

활동 2

주 제	쌍조건 명제
문 제	두 명제 p, q를 결정하고, 쌍조건 명제 $p \leftrightarrow q$의 진릿값을 구하시오.

❶ 두 명제 p, q를 설정하시오.

❷ 두 명제 p, q에 대하여 각 명제의 참, 거짓을 판별하시오.

❸ 두 조건 명제 $p \rightarrow q$, $q \rightarrow p$의 참, 거짓을 판별하시오.

❹ ❷를 이용하여 쌍조건 명제 $p \leftrightarrow q$의 진릿값을 판별하시오.

❺ ❸을 이용하여 쌍조건 명제 $p \leftrightarrow q$의 진릿값을 판별하시오.

조건 명제 $p \rightarrow q$는 두 명제 p와 q가

"p이면 q이다"

의 형식으로 연결된 것이다. 조건 명제 $p \rightarrow q$와 두 명제 p, q의 논리 연산 사이의 관계를 살펴보자.

p	q	$p \rightarrow q$	$\sim q$	$\sim p \vee q$
T	T	T	F	T
T	F	F	T	F
F	T	T	F	T
F	F	T	T	T

진리표를 살펴보면 명제 $p \rightarrow q$와 합성명제 $\sim p \vee q$는 논리적으로 같음을 알 수 있다.

쌍조건 명제 $p \leftrightarrow q$는 두 명제 p와 q가

"p이면 q이고, q이면 p이다"

의 형식으로 연결된 것이다. 쌍조건 명제 $p \leftrightarrow q$와 두 명제 p, q의 논리 연산 사이의 관계를 살펴보자.

p	q	$p \leftrightarrow q$	$\sim p$	$\sim q$	$p \wedge q$	$\sim p \wedge \sim q$	$(p \wedge q) \vee$ $(\sim p \wedge \sim q)$
T	T	T	F	F	T	F	T
T	F	F	F	T	F	F	F
F	T	F	T	F	F	F	F
F	F	T	T	T	F	T	T

진리표를 살펴보면 명제 $p \rightarrow q$와 합성명제 $\sim p \vee q$는 논리적으로 같음을 알 수 있으며, 논리 연산을 이용해도 같은 결과를 얻을 수 있다.

$$
\begin{aligned}
p \leftrightarrow q &= (p \rightarrow q) \wedge (q \rightarrow p) \\
&= (\sim p \vee q) \wedge (\sim q \vee p) \\
&= \{\sim p \wedge (\sim q \vee p)\} \vee \{q \wedge (\sim q \vee p)\} \\
&= \{(\sim p \wedge \sim q) \vee (\sim p \wedge p)\} \vee \{(q \wedge \sim q) \vee (q \wedge p)\} \\
&= (p \wedge q) \vee (\sim p \wedge \sim q)
\end{aligned}
$$

두 조건 명제 $p \to q$와 $q \to r$ 사이의 연산에 대해 살펴보자.

p	q	r	$p \to q$	$q \to r$	$(p \to q) \wedge (q \to r)$	$p \to r$
T	T	T	T	T	T	T
T	T	F	T	F	F	F
T	F	T	F	T	F	T
T	F	F	F	T	F	F
F	T	T	T	T	T	T
F	T	F	T	F	F	T
F	F	T	T	T	T	T
F	F	F	T	T	T	T

진리표를 살펴보면 명제 $(p \to q) \wedge (q \to r)$의 진릿값이 거짓이면 조건 명제 $p \to q$의 진릿값은 참인 경우와 거짓인 경우가 있다. 하지만 명제 $(p \to q) \wedge (q \to r)$의 진릿값이 참이면 조건 명제 $p \to r$의 진릿값은 항상 참임을 알 수 있다. 즉, 두 조건 명제 $p \to q$와 $q \to r$이 모두 참이면 조건 명제 $p \to r$는 항상 참이다. 이를 **삼단논법**이라고 한다.

| 정리 1.2.3 삼단논법

두 조건 명제 $p \to q$와 $q \to r$가 모두 참이면 조건 명제 $p \to r$은 참이다.

삼단논법의 대표적인 예시는 다음과 같다.

"소크라테스는 사람이다", "사람은 죽는다"가 사실이므로
"소크라테스는 죽는다"

이를 세 명제

"p : 그는 소크라테스이다"
"q : 그는 사람이다"
"r : 그는 죽는다"

로 바꾸어 생각하면 위의 두 문장으로부터 $p \to q$, $q \to r$이 참이다. 따라서 삼단논법에 따라 $p \to r$이다. 즉, 소크라테스는 죽는다.

우리는 일상에서 다양한 상황이 비슷한 시간에 일어나는 경우를 볼 수 있다. 이 경우 많은 사람은 다양한 상황이 서로 관계가 있는지를 대해 알아보기도 한다. 예를 들어 버스가 지나가는 상황과 아이가 인도에서 넘어지는 상황을 동시에 보았다고 하자. 그렇다면 버스가 지나가는 상황과 아이가 인도에서 넘어지는 상황이 서로 관계가 있을까? 혹시 버스가 지나가서 아이가 인도에서 넘어진 것일까? 아니면 아이가 인도에서 넘어져서 버스가 지나간 것일까?

다음과 같은 두 가지 현상을 관찰했다고 가정해보자.

1) 까마귀가 난다.
2) 배가 떨어진다.

이 두 가지 상황을 명제로 바꾸어 생각해보자. 두 상황에 대해 인과 관계가 있다고 가정한다면, 다음 두 가지 경우가 가능하다.

경우	원인(가정)	결과(결론)	문장
1	1)	2)	까마귀가 날면 배가 떨어진다.
2	2)	1)	배가 떨어지면 까마귀가 난다.

위의 두 인과 관계에 대한 논의에서 두 가지 질문 '배가 떨어지지 않으면 까마귀가 날지 않았을까?', '까마귀가 날지 않았다면 배가 떨어지지 않았을까?'를 제기할 수 있다.

일반적으로 두 명제 p, q에 대하여 다음 네 가지 조건 명제를 생각할 수 있다.

1) p이면 q이다. 즉, $p \to q$
2) q이면 p이다. 즉, $q \to p$
3) $\sim p$이면 $\sim q$이다. 즉, $\sim p \to \sim q$
4) $\sim q$이면 $\sim p$이다. 즉, $\sim q \to \sim p$

❚ 정의 1.2.3

조건 명제 $p \to q$에 대하여 그 역, 이, 대우는 다음과 같이 정의한다.

① 역: $q \to p$
② 이: $\sim p \to \sim q$
③ 대우: $\sim q \to \sim p$

네 가지 조건 명제 사이의 관계는 역, 이, 대우 용어를 사용하여 다음 그림과 같이 도식화할 수 있다.

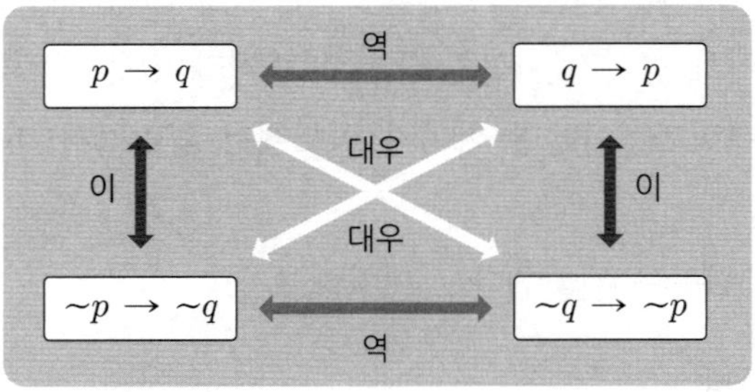

명제 $p \to q$와 그 역, 이, 대우 사이의 논리적 관계에 대해 살펴보자.

명제 $p \to q$와 그 역 $q \to p$가 논리적으로 같은지 진리표를 이용하여 알아보자.

p	q	$p \to q$	$q \to p$
T	T	T	T
T	F	F	T
F	T	T	F
F	F	T	T

진리표를 통해 명제 $p \to q$와 그 역 $q \to p$는 논리적으로 같지 않음을 알 수 있다.
명제 $p \to q$와 그 이 $\sim p \to \sim q$가 논리적으로 같은지 진리표를 이용하여 알아보자.

p	q	$p \to q$	$\sim p$	$\sim q$	$\sim p \to \sim q$
T	T	T	F	F	T
T	F	F	F	T	T
F	T	T	T	F	F
F	F	T	T	T	T

진리표를 살펴보면 명제 $p \to q$와 그 이 $\sim p \to \sim q$는 논리적으로 같지 않음을 알 수 있다.

명제 $p \to q$와 그 대우 $\sim p \to \sim q$가 논리적으로 같은지 진리표를 이용하여 알아보자.

p	q	$p \to q$	$\sim q$	$\sim p$	$\sim q \to \sim p$
T	T	T	F	F	T
T	F	F	T	F	F
F	T	T	F	T	T
F	F	T	T	T	T

진리표를 살펴보면 명제 $p \to q$와 그 대우 $\sim p \to \sim q$는 논리적으로 같음을 알 수 있다.

이상을 정리하면 다음과 같다.

| 정의 1.2.4 조건 명제와 그 대우의 논리적 동치관계

조건 명제 $p \to q$와 그 대우명제 $\sim q \to \sim p$에 대하여
$p \to q$가 참일 때만 $\sim q \to \sim p$는 참이다.
즉, 두 명제 $p \to q$와 $\sim q \to \sim p$는 논리적으로 같다.

두 명제 p, q와 조건 명제 $p \to q$가 참이면

명제 p는 q이기 위한 **충분조건**
명제 q는 p이기 위한 **필요조건**

이라고 한다. 같은 방법으로 조건 명제 $q \to p$가 참이면

명제 q는 p이기 위한 충분조건
명제 p는 q이기 위한 필요조건

이라고 한다.

만약 두 조건 명제 $p \to q$와 $q \to p$가 모두 참이면

명제 p는 q이기 위한 필요조건이면서 충분조건
명제 q는 p이기 위한 충분조건이면서 필요조건

이다. 필요조건이면서 동시에 충분조건일 때, 이를 간단히 줄여서 **필요충분조건**이라 한다.

예를 들어 놀이공원에서 두 놀이기구 A를 탑승하기 위한 신장 제한이 다음과 같다고 하자.

> 신장 110cm 이상이면 탑승이 가능하다.

신장이 110cm 이상이라는 조건은 이 놀이기구를 탑승하기 위해 충분하다. 또한 이 놀이기구를 탑승하는 것은 신장 110cm 이상인 조건을 필요로 한다.

정의 1.2.5

조건 명제 $p \to q$가 참이면

명제 p는 q이기 위한 **충분조건**
명제 q는 p이기 위한 **필요조건**

이다.
두 조건 명제 $p \to q$와 $q \to p$가 모두 참이면

명제 p는 q이기 위한 **필요충분조건**
명제 q는 p이기 위한 **필요충분조건**

이다.

예제 3

주 제	조건 명제
문 제	다음 세 명제 p, q, r에 대하여 두 조건 명제 $p \to q, \ \sim r \to p$ 가 모두 참이라고 한다.

❶ 조건 명제 $p \to q$의 대우를 말하고, 참, 거짓을 판별하시오.
조건 명제 $p \to q$의 대우는 $\sim q \to \ \sim p$이고, 명제와 그 대우는 진릿값이 같으므로 참이다.

❷ 조건 명제 $\sim r \to p$의 대우를 말하고, 참, 거짓을 판별하시오.
조건 명제 $\sim r \to p$의 대우는 $\sim p \to r$이고, 명제와 그 대우는 진릿값이 같으므로 참이다.

❸ 조건 명제 $\sim r \to q$의 진릿값을 말하고, 그 이유를 설명하시오.
두 조건 명제 $\sim r \to p$와 $p \to q$가 모두 참이므로 삼단논법에 의해 $\sim r \to q$는 참이다.

❹ ❶, ❷를 이용하여 $\sim q \to r$의 진릿값을 말하고, 그 이유를 설명하시오.

두 조건 명제 $\sim q \to \sim p$와 $\sim p \to r$이 모두 참이므로 삼단논법에 의해 $\sim q \to r$은 참이다.

❺ ❸을 이용하여 $\sim q \to r$의 진릿값을 말하고, 그 이유를 설명하시오.

조건 명제 $\sim r \to q$의 대우는 $\sim q \to r$이고, 명제와 그 대우는 진릿값이 같으므로 참이다.

문제 3

주 제	조건 명제
문 제	현행 청소년보호법은 "청소년"을 "만 19세 미만인 자로서, 만 19세가 되는 해의 1월 1일을 맞이한 사람은 제외한다"로 정의하며, "청소년 유해약물"은 "청소년에게 유해한 것으로 인정되는 다음 가목의 약물"로서 "주세법"에 따른 주류를 포함하고 있다. 청소년보호법에 의해 청소년은 음주를 할 수 없으며, 청소년에게 주류를 제공하거나 판매할 수 없다.

❶ 두 명제 p, q가

p : x는 청소년이다.　　q : x는 술을 마실 수 있다.

일 때, 청소년보호법에 근거해 참인 조건 명제를 만드시오.

❷ 청소년보호법의 위반 여부를 단속하는 경찰이 A 술집에 들어왔다. 술집에는 다음과 같이 4명의 손님이 앉아있었다. 경찰은 A 술집이 청소년보호법을 위반하였는지 알아보기 위해 최소한의 사람을 조사하고자 한다. 어떤 사람을 조사해야 하는지를 말하고, 그 이유를 설명하시오.

사람	청소년 여부	음주 여부
강윤	청소년임	모름
노을	모름	술을 마심
다정	청소년 아님	모름
명준	모름	술을 마시지 않음

예제 4

주 제	논리퍼즐 - 스도쿠
문 제	스도쿠는 9×9 칸에서 진행되는 숫자 퍼즐 게임이다. 스도쿠를 구성하는 칸(cell)은 모두 $9 \times 9 = 81$개로 구성되어 있으며, 다음의 규칙에 맞게 81개의 칸에 숫자를 채우면 된다. 1) 각각의 가로줄과 세로줄에는 숫자 $1 \sim 9$가 중복 없이 하나씩 들어간다. 2) 굵은 선으로 구분된 3×3칸의 상자 안에는 숫자 $1 \sim 9$가 중복 없이 하나씩 들어간다.

❶ 다음 스도쿠를 완성하시오.

7		2		4	8			
	8	5				7		
					2	6		3
			6		1	4		2
1		8	2					7
9			7			8		
					3		4	1
8	3			9			7	
	9		4	2			3	

답:

7	6	2	3	4	8	1	5	9
3	8	5	9	1	6	7	2	4
4	1	9	5	7	2	6	8	3
5	7	3	6	8	1	4	9	2
1	4	8	2	5	9	3	6	7
9	2	6	7	3	4	8	1	5
2	5	7	8	6	3	9	4	1
8	3	4	1	9	5	2	7	6
6	9	1	4	2	7	5	3	8

문제 4

주 제	논리퍼즐 – 스도쿠
문 제	다음 스도쿠를 완성하시오.

❶ 다음 스도쿠를 완성하시오.

	5				1			
3				7				
2	4		3	6		7		
		2			4		1	
		9	8		7	3		
	8		2			4		
		7		5	6		4	2
				4				1
			9				8	

❷ 다음 스도쿠를 완성하시오.

	1		5					
	2				8	7	6	5
	3				9			
	4	5	6		1			8
7			9		5	4	3	
			8				2	
4	5	6	7				1	
					6		9	

문제 5

주 제	논리퍼즐 – 아인슈타인 퍼즐 (얼룩말 퍼즐)
문 제	〈전제〉 1. 색이 다른 집이 일렬로 5채 있다. 2. 각 집마다 서로 다른 국적의 사람이 살고 있다. 3. 다섯 사람은 어떤 음료를 마시고, 어떤 음식을 좋아하고, 어떤 동물을 기르고 있다. 4. 어느 두 사람도 마시는 음료, 좋아하는 음식, 기르는 동물이 일치하지 않는다. 〈조건〉 1. 영국인은 빨간 집에 산다. 2. 스웨덴인은 개를 기른다. 3. 덴마크인은 차를 마신다. 4. 초록 집은 하얀 집의 바로 왼쪽에 있다. 5. 초록 집에 사는 사람은 커피를 마신다. 6. 떡볶이를 좋아하는 사람은 새를 기른다. 7. 노란 집 사람은 치킨을 좋아한다. 8. 한가운데 사는 사람은 우유를 마신다. 9. 한국인은 가장 왼쪽의 집에 산다. 10. 마라탕을 좋아하는 사람은 고양이를 기르는 사람의 옆집에 산다. 11. 말을 기르는 사람은 치킨을 좋아하는 사람의 옆집에 산다. 12. 초밥을 좋아하는 사람은 콜라를 마신다. 13. 독일인은 김밥을 좋아한다. 14. 한국인은 파란 집 옆에 산다. 15. 마라탕을 좋아하는 사람은 생수를 마시는 사람 바로 옆에 산다. 5명 중 물고기를 기르는 사람이 있을 때, 그 사람의 국적은 어디인가?

1.3 술어 논리와 한정사

명제 '$x+1>x$'는 x의 값과 상관없이 항상 참이고, 명제 '$x+1<x$'는 x의 값과 상관없이 항상 거짓이다. 이처럼 참과 거짓을 명확하게 결정할 수 있는 문장이나 식을 명제라고 말하였다.

하지만 문장 '$x=1$'과 같이 값이 정해지지 않은 변수나 객체가 포함된 문장이나 식은 변수나 객체의 값에 따라 참과 거짓이 뒤바뀌는 경우가 있다. 즉, 변수의 값에 따라 참이 될 때도 있고 거짓이 될 때도 있는 문장이나 식이 있을 수 있다. 예를 들어 '$x=1$'은 x의 값이 1인 경우는 참이지만, x의 값이 2인 경우는 거짓이다.

이 절에서는 '$x=1$'과 같이 x의 값이 정해지면 참이나 거짓을 명확하게 결정할 수 있는 문장이나 식에 대하여 참과 거짓을 판별할 수 있는지를 살펴볼 것이다.

학습목표

- 전체 한정사와 존재 한정사에 대해 말할 수 있다.
- 전체 한정사와 존재 한정사의 부정에 대해 말할 수 있다.
- 한정사를 이용하여 실생활 문제를 논리적으로 해결할 수 있다.

'$x=1$'은 x의 값이 1인 경우는 참이지만, x의 값이 2인 경우는 거짓이다. 이처럼 x의 값이 정해지면 참이나 거짓을 명확하게 결정할 수 있는 문장이나 식을 $p(x)$라고 표시하고, $p(x)$를 x에 대한 **명제 함수**(propositional fuction)라고 한다. 또한 명제 함수가 참이 되도록 하는 x의 집합을 **진리집합**이라 한다. 일반적으로 명제 함수 $p(x)$, $q(x)$, $r(x)$, $\cdots$의 진리집합을 P, Q, R, $\cdots$로 나타낸다. 또한 명제 논리와 구분하여 명제 함수에 대한 논리를 **술어 논리**(predicate logic)라고 한다.

명제 함수 $p(x)$가 주어졌을 때, 우리는 그 명제 함수가 명제인지 아닌지를 먼저 판단한다. 즉, 주어진 명제 함수가 x의 값과 상관없이 항상 참인가, 아니면 x의 값과 상관없이 항상 거짓인가에 대한 판단이 필요하다. 다음의 경우로 나누어 생각해보자.

(1) 주어진 명제 함수가 x의 값과 상관없이 $p(x)$가 항상 참이라는 것이 참인 경우
모든 x에 대하여 $p(x)$가 항상 참이다.

(2) 주어진 명제 함수가 x의 값과 상관없이 $p(x)$가 항상 참이라는 것이 거짓인 경우
모든 x에 대하여 $p(x)$가 항상 참이라는 것은 거짓이다. 즉, $p(x)$가 거짓이 되도록 하는 x가 있다.

(3) 주어진 명제 함수가 x의 값과 상관없이 $p(x)$가 항상 거짓이라는 것이 참인 경우
모든 x에 대하여 $p(x)$가 항상 거짓이다.

(4) 주어진 명제 함수가 x의 값과 상관없이 $p(x)$가 항상 거짓이라는 것이 거짓인 경우
모든 x에 대하여 $p(x)$가 항상 거짓이라는 것은 거짓이다. 즉, $p(x)$가 참이 되도록 하는 x가 있다.

위의 (1)~(4)를 살펴보면, 모든 x에 대해 $p(x)$의 참과 거짓을 명확하게 판단할 수 있는 경우, 또는 $p(x)$가 참 또는 거짓이 되도록 하는 어떤 x가 있는 경우로 나누어 볼 수 있다. 이러한 관점에서 변수의 범위를 한정시킨다면 명제 함수 $p(x)$의 참과 거짓을 판단할 수 있다.

변수의 범위를 한정시키는 것을 **술어 한정자**(predicate quantifier)라고 한다. 이러한 술어 한정자에는 "모든 x"와 관련된 **전체 한정자**(전칭 한정자, universal quantifier)와 "어떤 x, 또는 x가 존재한다"와 관련된 존재 한정자(existential quantifier)가 있다.

❙ 정의 1.3.1

명제 술어 $p(x)$에 대해 **전체 한정자**를 사용하면 다음과 같이 표현할 수 있다.

"모든 x에 대하여 $p(x)$는 참이다"

일반적으로 전체 한정자의 기호는 '$\forall$'로 표시한다. 위의 문장을 전체 한정자가 포함된 기호로 '$\forall x\, p(x)$'와 같이 나타낼 수 있다.

$\forall x\, p(x)$가 참인 필요충분조건은 $p(x)$의 진리집합 $P=U$이다.

예제 1

주 제	술어 명제에서 전체 한정자 '∀'
문 제	실수 x에 대하여 다음 명제의 참과 거짓을 판별하시오. (1) $\forall x\ [x-1 < x+1]$ (2) $\forall x\ [x^2=0]$

❶ (1), (2)를 문장으로 나타내시오.

(1) $\forall x\ [x-1 < x+1]$

: 모든 실수 x에 대하여 $x-1 < x+1$이다.

(2) $\forall x\ [x^2=0]$

: 모든 실수 x에 대하여 $x^2=0$이다.

❷ 명제 술어 (1),(2)의 참 거짓을 판별하시오.

(1) $x-1 < x+1$은 모든 실수 x에 대하여 성립하므로 참이다.

(2) x의 값이 1인 경우, '$x^2=0$'은 거짓이다. 즉, 모든 실수 x에 대해 '$x^2=0$'이 성립하는 것은 아니므로 거짓이다.

문제 1

주 제	술어 명제에서 전체 한정자 '∀'
문 제	실수 x에 대하여 다음 명제의 참과 거짓을 판별하시오. (1) $\forall x\ [\lvert x\rvert \geq 0]$ (2) $\forall x\ [2x > x]$

❶ (1), (2)를 문장으로 나타내시오.

❷ 명제 술어 (1), (2)의 참 거짓을 판별하시오.

| 정의 1.3.2

명제 술어 $p(x)$에 대해 **존재 한정자**를 사용하면 다음과 같이 표현할 수 있다.

"어떤 x에 대하여 $p(x)$는 참이다" 또는
"$p(x)$가 참이 되도록 하는 x가 존재한다"

일반적으로 존재 한정자의 기호는 '$\exists$'로 표시한다. 위의 문장을 존재 한정자가 포함된 기호로 '$\exists x\, p(x)$'와 같이 나타낼 수 있다.

$\exists x\, p(x)$가 참인 필요충분조건은 $p(x)$의 진리집합 $P \neq \varnothing$이다.

예제 2

주 제	술어 명제에서 존재 한정자 '$\exists$'
문 제	실수 x에 대하여 다음 명제의 참과 거짓을 판별하시오. (1) $\exists x\, [x^2 - 3x - 2 < 0]$ (2) $\exists x\, [x > x]$

❶ 기호를 문장으로 나타내시오.

(1) $\exists x\, [x^2 - 3x - 2 < 0]$

: 어떤 실수 x에 대하여 $x^2 - 3x - 2 < 0$이다.

: $x^2 - 3x - 2 < 0$을 만족시키는 실수 x가 존재한다.

(2) $\exists x\, [x > x]$

: 어떤 실수 x에 대하여 $x > x$이다.

: $x > x$를 만족시키는 실수 x가 존재한다.

❷ ❶의 참, 거짓을 판별하시오.

(1) $x = 0$이면 $x^2 - 3x - 2 = -2 < 0$이므로 $\exists x\, [x^2 - 3x - 2 < 0]$는 참이다.

(2) $x > x$를 만족시키는 실수 x가 없으므로 $\exists x\, [x > x]$는 거짓이다.

문제 2

주 제	명제 술어에서의 한정 기호
문 제	실수 x에 대하여 다음 명제의 참과 거짓을 판별하시오. (1) $\exists x\ [x^2 < 0]$ (2) $\exists x\ [\lvert x \rvert > x]$

❶ 기호를 문장으로 나타내시오.

❷ ❶의 참, 거짓을 판별하시오.

문제 3

주 제	명제 술어에서의 한정 기호
문 제	x가 정수이고 $p(x)$가 '$x = x^2 - 2$'라고 할 때 다음 명제의 진릿값을 구하시오. (1) $\forall x\ p(x)$ (2) $\exists x\ p(x)$

❶ 기호를 문장으로 나타내시오.

❷ ❶의 참, 거짓을 판별하시오.

| 정리 1.3.3

$\forall x\ p(x)$의 부정을 알아보자.

"모든 x에 대하여 $p(x)$가 성립한다"

의 부정은

"$p(x)$가 성립하지 않는 x가 존재한다"

또는

"어떤 x에 대하여 $p(x)$가 성립하지 않는다"

가 된다.
이것을 논리 기호를 사용하여 나타내면 다음과 같다.

$$\sim (\forall x\ p(x)) \Leftrightarrow \exists x\ (\sim p(x))$$

| 정리 1.3.4

$\exists x\ p(x)$의 부정을 알아보자.

"$p(x)$가 성립하는 x가 존재한다"

또는

"어떤 x에 대하여 $p(x)$가 성립한다"

의 부정은

"모든 x에 대하여 $p(x)$가 성립한다"

가 된다.
이것을 논리 기호를 사용하여 나타내면 다음과 같다.

$$\sim (\exists x\ p(x)) \Leftrightarrow \forall x\ (\sim p(x))$$

예제 3

주 제	한정자 ∀와 ∃의 부정
문 제	x는 '학생'이고, $p(x)$는 "x는 공부한다"일 때 다음 문장에 대해 답하시오. (1) 모든 학생은 공부한다. (2) 공부하는 학생이 존재한다.

❶ 문장 (1), (2)를 논리 기호로 표현하시오.

(1) $\forall x\, p(x)$ (2) $\exists x\, p(x)$

❷ 문장 (1), (2)의 부정은 무엇일까?

(1)의 부정 명제 : 어떤 학생은 공부하지 않는다.

(2)의 부정 명제 : 모든 학생은 공부하지 않는다.

❸ ❶의 결과를 활용하여 ❷에서 구한 부정 명제를 논리 기호로 나타내시오.

(1) $\sim(\forall x\, p(x)) \Leftrightarrow \exists x\,(\sim p(x))$ (2) $\sim(\exists x\, p(x)) \Leftrightarrow \forall x\,(\sim p(x))$

문제 4

주 제	명제 술어와 한정 기호
문 제	셰익스피어의 '베니스의 상인'에는 다음과 같은 말이 나온다. "반짝인다고 모두 금은 아니다" $p(x)$를 "x는 반짝인다"라 하고, $q(x)$를 "x는 금이다"라 하자. 위의 인용문을 해석하고, 기호로 나타내시오.

❶ 인용문 "반짝인다고 모두 금은 아니다"는 어떤 의미일까?

❷ ❶에서 해석한 문장에는 어떤 합성명제가 있을까?

❸ 인용문에는 어떤 한정 기호가 있을까?

❹ ❷, ❸을 이용하여 "반짝인다고 모두 금은 아니다"를 기호로 나타내시오.

문제 5

<table>
<tr><td>주 제</td><td>명제 술어와 한정 기호</td></tr>
<tr><td>문 제</td><td>코난 도일의 '셜록 홈즈-네 개의 서명'에는 다음과 같은 말이 나온다.

"When you have eliminated the impossible, whatever remains, however improbable, must be the truth"

이를 우리말로 번역하면 다음과 같다.

"불가능한 것을 없앴을 때, 남은 것이 아무리 불가능해 보이더라도 그것이 진실이다"

</td></tr>
</table>

❶ 세 명 A, B, C가 한 공간에 있었으며, 그 공간에 있던 물건이 없어졌다. 다음 내용을 바탕으로 범인이 누구인지 판단하시오.

1) A와 B는 절도와 관련된 전과가 있었으며, C는 평소 선행을 인정받아 상을 받았다.
2) CCTV를 확인하였을 때, 10시에는 그 물건이 있었지만 10시 10분에는 없었다.
3) 물건의 자리한 위치의 CCTV는 10시~10시 10분 사이의 기록이 삭제되어 있었다.
4) 다른 CCTV를 통해 9시 50분~10시 20분까지 A와 B가 함께 이야기를 나누고 있는 것이 확인되었다.

❷ 인용문 "불가능한 것을 없앴을 때, 남은 것이 아무리 불가능해 보이더라도 그것이 진실이다"는 어떤 의미일까?

❸ 한정사를 이용하여 인용문의 참과 거짓을 판단하시오.

명제 함수가 포함된 조건 명제 "$p(x)$이면 $q(x)$이다"에 대하여 알아보자.

조건 명제 "$p(x)$이면 $q(x)$이다"의 진릿값은 $p(x)$와 $q(x)$의 진릿값에 따라 결정된다.

$p(x)$	$q(x)$	$p(x) \to q(x)$
T	T	T
T	F	F
F	T	T
F	F	T

"$p(x) \to q(x)$가 참"일 필요충분조건은 "$p(x)$가 참이고 $q(x)$가 거짓"을 제외한 경우이다. 즉 $p(x) \to q(x)$의 진리집합은 $(P \cap Q^C)^C$이다.

정리 1.3.5

두 명제 함수 $p(x)$, $q(x)$의 진리집합을 각각 P, Q라 하자.
$p(x) \to q(x)$의 진리집합은 $(P \cap Q^C)^C = P^C \cup Q$

"$p(x) \to q(x)$가 참"일 필요충분조건은 "$p(x)$가 참이고 $q(x)$가 거짓"을 제외한 경우이다. 즉 $p(x)$가 참이 되도록 하는 모든 x에 대하여 $q(x)$도 참이 되어야 한다. 이를 진리집합을 이용하여 표현하면 다음과 같다.

정리 1.3.6

두 명제 함수 $p(x)$, $q(x)$의 진리집합을 각각 P, Q라 하자.

1) 조건 명제 $p(x) \to q(x)$가 참이면 $P \subset Q$이다.
2) $P \subset Q$이면 조건 명제 $p(x) \to q(x)$가 참이다.

1)과 2)의 대우를 이용하면

1-1) $P \not\subset Q$이면 조건 명제 $p(x) \to q(x)$가 거짓이다.
2-2) 조건 명제 $p(x) \to q(x)$가 거짓이면 $P \not\subset Q$이다.

문제 6

주 제	명제 술어와 한정 기호
문 제	다음으로부터 추론하여 옳은지, 옳지 않은지를 나타내고 그 이유를 서술하시오. 가장 왼쪽부터 오른쪽으로 1부터 6까지 차례로 번호가 부여된 여섯 개의 집이 쌓여 있다. 이 집에 대하여 다음이 성립한다. ○ 각 집의 세대주는 김씨, 이씨, 박씨 중 하나이다. ○ 세대주인 김씨인 집의 개수는 박씨인 집의 개수보다 많다. ○ 세대주가 이씨인 어떤 집은 모든 김씨인 집보다 왼쪽에 있다. ○ 세대주가 이씨인 어떤 집의 바로 왼쪽에는 박씨인 집이 있다. ○ 4번 집의 세대주는 김씨이고, 5번 집과 6번 집의 세대주는 성이 같다.

❶ 1번 집의 세대주는 박씨이다.

❷ 2번 집과 5번 집의 세대주는 성이 서로 다르다.

❸ 3번 집의 세대주가 김씨이면 세대주가 이씨인 집은 1개이다.

❹ 세대주가 이씨인 집의 개수가 박씨인 집의 개수보다 많다.

❺ 세대주가 박씨인 집 왼쪽에 이씨인 집이 있으면 김씨인 집은 3개이다.

1.4 EXCEL의 활용

1. 명제의 연산

EXCEL 환경에서 논리곱과 논리합의 진릿값을 구하는 과정을 다음의 예를 통해 살펴보자.

1) A1의 값을 입력한다.
2) 명제 "p: A1의 값이 2보다 크다"의 진릿값을 B1에 나타내자.
3) 명제 "q: A1의 값이 5보다 작다"의 진릿값을 C1에 나타내자.
4) 명제 $p \wedge q$의 진릿값을 D1에 나타내자.
5) 명제 $p \vee q$의 진릿값을 E1에 나타내자.

위의 예를 EXCEL 환경에서 나타내기 위해 다음 과정에 따라 실행하자.

1) B1에 '=a1〉2'를 입력하자.
2) C1에 '=a1〈5'를 입력하자.
3) D1에 '=and(b1,c1)'을 입력하자.
4) E1에 '=or(b1,c1)'을 입력하자.
5) A1에 숫자를 입력하면 네 명제 p, q, $p \wedge q$, $p \vee q$의 진릿값이 각각 B1, C1, D1, E1에 나타난다.

위의 절차에 따라 실행한 결과는 다음 그림과 같다.

B6

	A	B	C	D	E
1	3	TRUE	TRUE	TRUE	TRUE
2					
3					
4					

A1의 값이 3인 경우

B4

	A	B	C	D	E
1	8	TRUE	FALSE	FALSE	TRUE
2					
3					
4					

A1의 값이 8인 경우

2. 조건 명제

EXCEL 환경에서 조건 명제 "$p(x)$이면 $q(x)$이다"와 관련된 내용을 수행할 수 있다. 실제 EXCEL에서는 "$p(x)$가 참이면 $q(x)$이고, $p(x)$가 거짓이면 $r(x)$이다"의 꼴을 구할 수 있다.

"$p(x)$이면 $q(x)$이다"와 관련된 내용의 수행 과정을 다음의 예를 통해 살펴보자.

> 1) A1의 값을 입력한다.
> 2) 명제 "p : A1의 값이 0보다 크다"라 하자.
> 3) 만약 p가 참이면 B1에 "양수"라고 나타내자.

위의 예를 EXCEL 환경에서 나타내기 위해 다음 과정에 따라 실행하자.

1) B1에 '=if(A1>0,"양수")'를 입력하자.
2) A1에 숫자를 입력하였을 때, p가 참이면 하면 B1에 "양수"가 나타난다.

위의 절차에 따라 실행한 결과는 다음 그림과 같다.

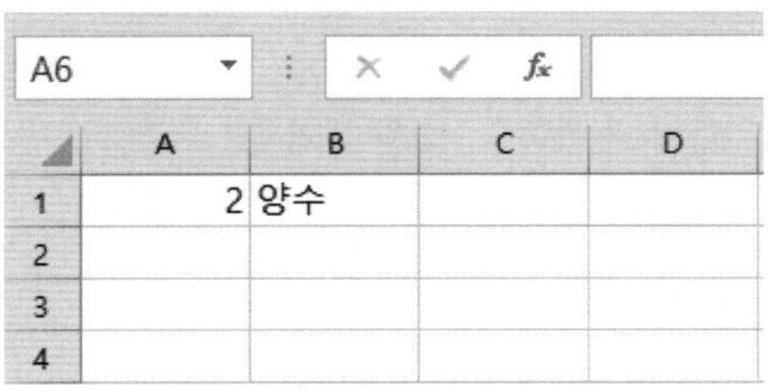

A1의 값이 2인 경우

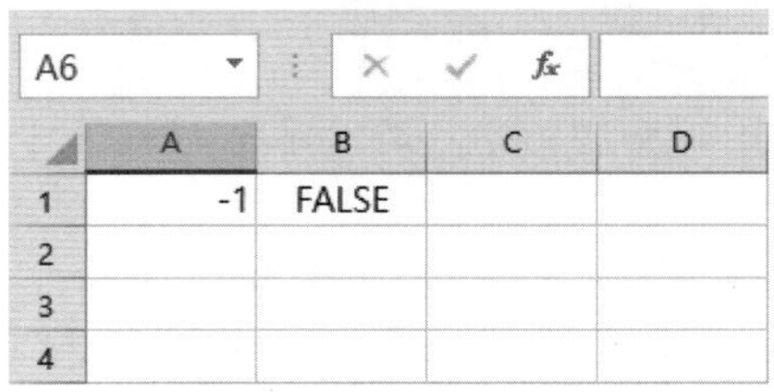

A1의 값이 -1인 경우

"$p(x)$가 참이면 $q(x)$이고, $p(x)$가 거짓이면 $r(x)$이다"와 관련된 내용의 수행 과정을 다음의 예를 통해 살펴보자.

> 1) A1의 값을 입력한다.
> 2) 명제 "p : A1의 값이 0보다 크다"라 하자.
> 3) 만약 p가 참이면 B1에 "양수"라고 나타내고, p가 거짓이면 B1에 "양수 아님"라고 나타내자.

위의 예를 EXCEL 환경에서 나타내기 위해 다음 과정에 따라 실행하자.

1) B1에 '=if(A1>0,"양수","양수 아님")'를 입력하자.
2) A1에 숫자를 입력하였을 때, p가 참이면 하면 B1에 "양수"가 나타나고, p가 거짓이면 하면 B1에 "양수 아님"이 나타난다.

위의 절차에 따라 실행한 결과는 다음 그림과 같다.

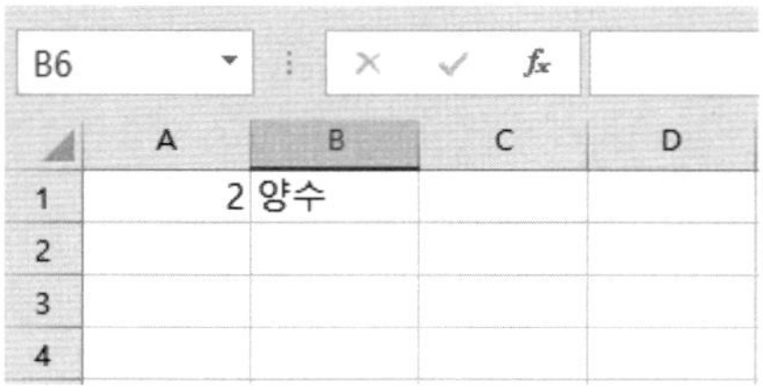

A1의 값이 2인 경우

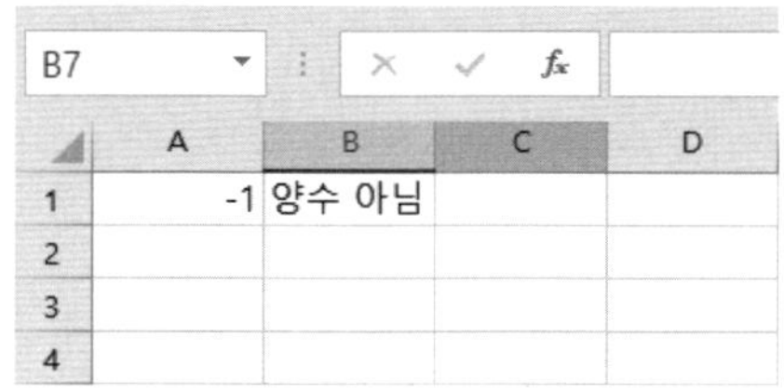

A1의 값이 -1인 경우

EXCEL 환경에서는 "$p(x)$가 참이면 [$q(x)$가 참이면 $r(x)$이고, $q(x)$가 거짓이면 $s(x)$이다]이고, $p(x)$가 거짓이면 $t(x)$이다"와 같은 형태도 표현할 수 있다. 다음의 예를 통해 살펴보자.

1) A1와 B1의 값을 입력한다.
2) 명제 "p: A1의 값이 0보다 크다"라 하자.
3) 명제 "q: B1의 값이 5보다 크다"라 하자.
4) 만약 p가 참일 때, q가 참이면 C1에 "참새"라고 나타내자.
5) 만약 p가 참일 때, q가 거짓이면 C1에 "펭귄"이라고 나타내자.
6) 만약 p가 거짓이면 C1에 "다람쥐"라고 나타내자.

위의 예를 EXCEL 환경에서 나타내기 위해 다음 과정에 따라 실행하자.

1) C1에 '=if(A1>0,if(B1>5,"참새","펭귄"),"다람쥐")'를 입력하자.
2) A1과 B1에 숫자를 입력하였을 때, p가 참일 때 q가 참이면 하면 C1에 "참새"가 나타난다.
3) A1과 B1에 숫자를 입력하였을 때, p가 참일 때 q가 거짓이면 하면 C1에 "펭귄"이 나타난다.
4) A1과 B1에 숫자를 입력하였을 때, p가 거짓이면 하면 C1에 "다람쥐"가 나타난다.

위의 절차에 따라 실행한 결과는 다음 그림과 같다.

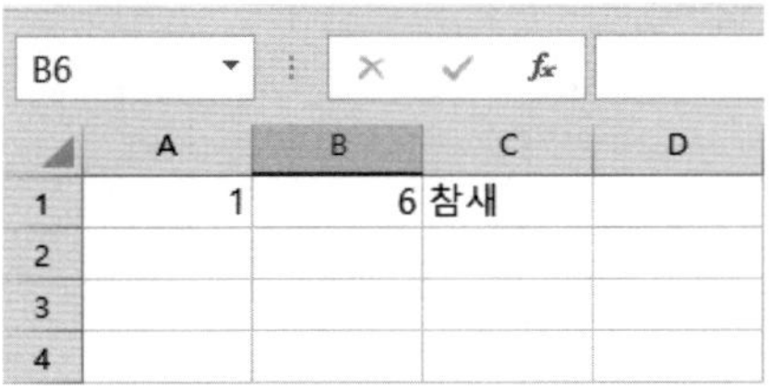

A1의 값이 1이고
B1의 값이 6인 경우

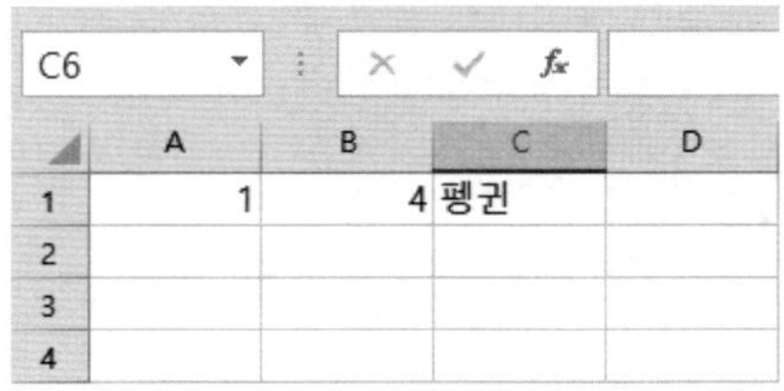

A1의 값이 1이고
B1의 값이 4인 경우

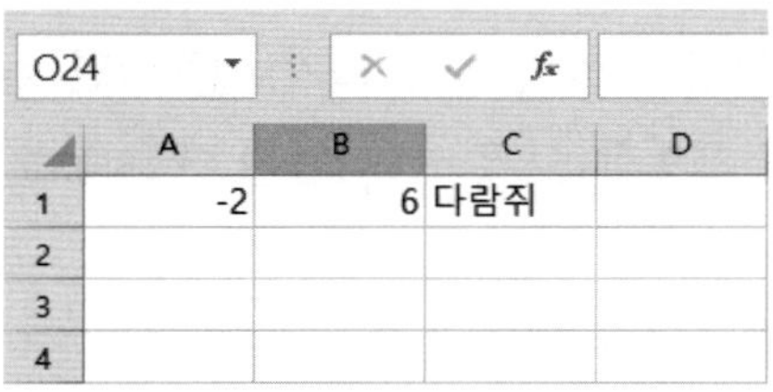

A1의 값이 -2이고
B1의 값이 6인 경우

A1의 값이 -2이고
B1의 값이 4인 경우

3. 조건부 서식

EXCEL 환경에서 주어진 명제가 참이거나 거짓일 때 서식(글자서식, 셀서식 등)이 적용되도록 설정할 수 있다. 조건부 서식을 여러 셀에 적용하기 위해서는 '상대 참조'와 '절대 참조'를 알아야 할 필요가 있다. 이러한 문제를 피하고자 하나의 셀에 서식을 적용하는 것만 다루고자 한다.

다음의 예를 통해 살펴보자.

1) A1의 값을 입력한다.
2) 명제 "p : A1의 값이 0보다 크다"라 하자.
3) 만약 p가 참이면 A1의 셀을 빨간색으로 나타내자.

EXCEL 환경에서 나타내기 위해 다음 과정에 따라 실행하자.

1) A1셀에서 

을 클릭한 후, '새 규칙'을 선택한다.

2) '다음을 포함하는 셀만 서식 지정'을 선택한 후, 규칙 설명 편집에서 '〉', '0'으로 수정한다.

3) '서식'-'채우기'를 선택한 후, 빨간색을 선택한다.

4) '확인'을 선택한다.

위의 절차에 따라 실행하는 과정과 그 결과는 다음 그림과 같다.

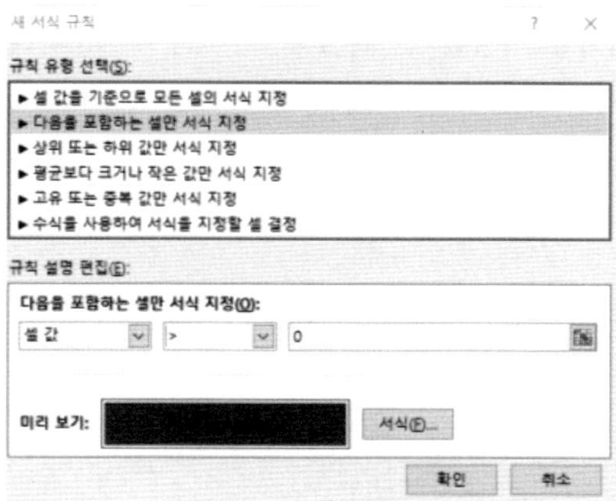

새 서식 규칙 적용 화면

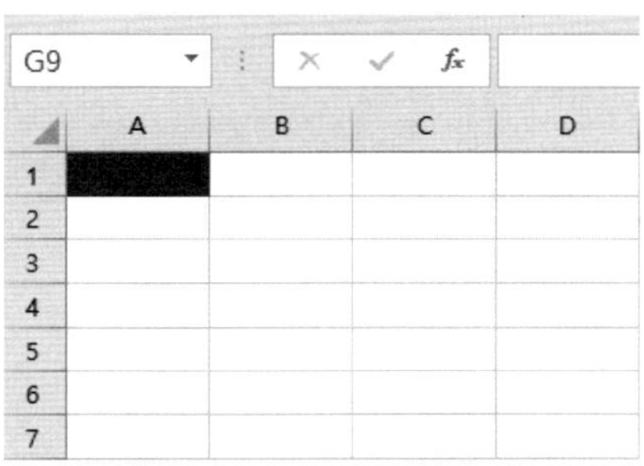

A1에 1을 입력하고
새 서식 규칙을 적용한 결과

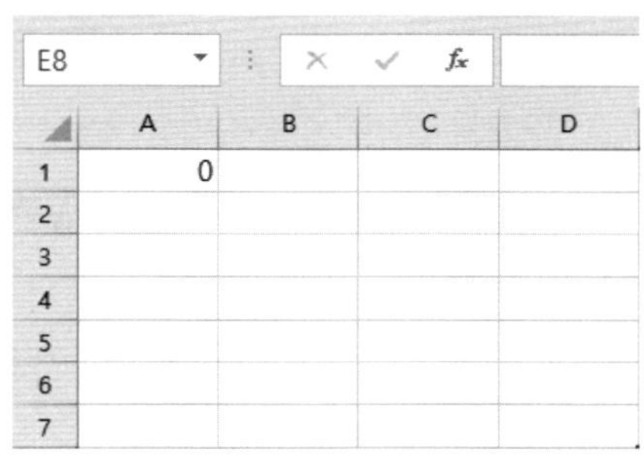

A1에 0을 입력하고
새 서식 규칙을 적용한 결과

위의 조건부 서식은 A1의 값이 주어진 조건을 만족시키면 A1에 서식을 적용시키고, A1의 값이 주어진 조건을 만족시키지 않으면 A1에 서식을 적용시키지 않는다. 즉, 주어진 셀의 값이 조건을 만족하면 그 셀에 서식을 적용하는 방법이다.

특정한 셀의 값이 조건을 만족하면 다른 셀에 서식을 적용할 수도 있다. 다음의 예를 통해 살펴보자.

1) A1의 값을 입력한다.
2) 명제 "p: A1의 값이 0보다 크다"라 하자.
3) 만약 p가 참이면 B1의 셀을 빨간색으로 나타내자.

EXCEL 환경에서 나타내기 위해 다음 과정에 따라 실행하자.

1) B1셀에서 을 클릭한 후, '새 규칙'을 선택한다.
2) '수식을 사용하여 서식을 지정할 셀 결정'을 선택한 후, 규칙 설명 편집에서 '=A1>0'을 입력한다.
3) '서식'-'채우기'를 선택한 후, 빨간색을 선택한다.
4) '확인'을 선택한다.

위의 절차에 따라 실행하는 과정과 그 결과는 다음 그림과 같다.

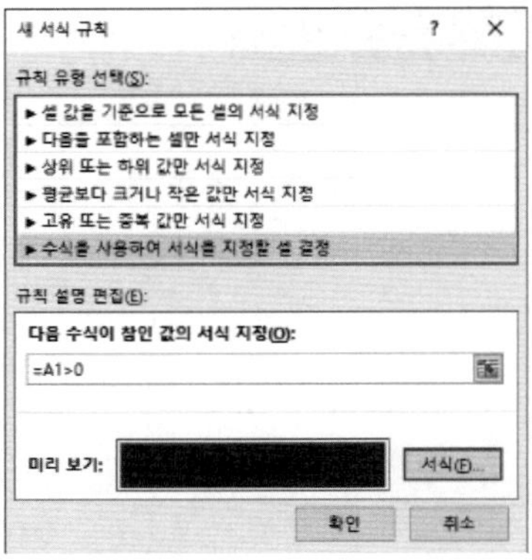

새 서식 규칙 적용 화면

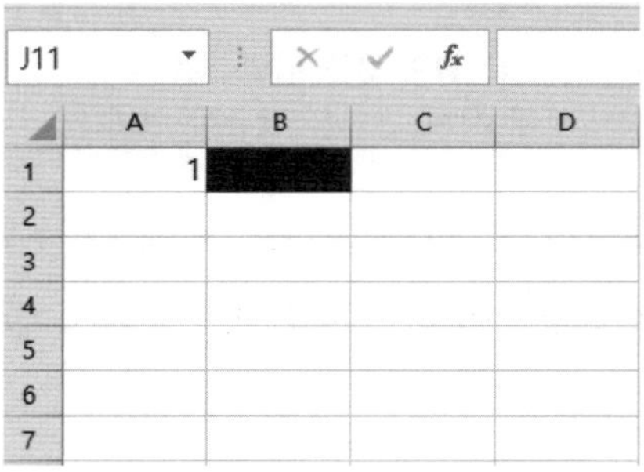

A1에 1을 입력하고
새 서식 규칙을 적용한 결과

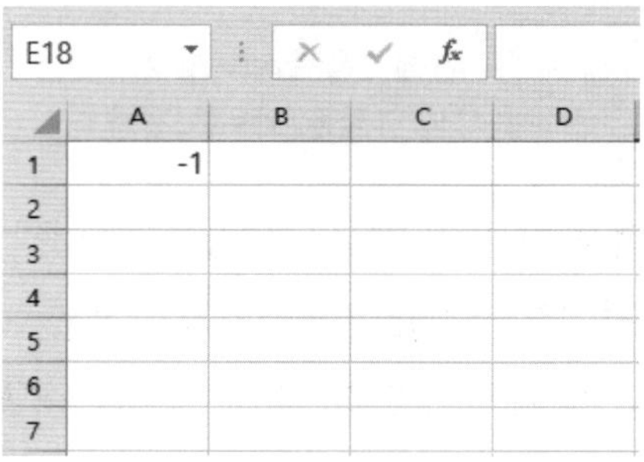

A1에 -1을 입력하고
새 서식 규칙을 적용한 결과

'수식을 사용하여 서식을 지정할 셀 결정'을 이용한 방법은 앞서 제시한 '다음을 포함하는 셀만 서식 지정'을 대신하여 사용할 수 있다. 다음의 예를 통해 살펴보자.

1) A1의 값을 입력한다.
2) 명제 "p: A1의 값이 0보다 크다"라 하자.
3) 만약 p가 참이면 A1의 셀을 빨간색으로 나타내자.

EXCEL 환경에서 나타내기 위해 다음 과정에 따라 실행하자.

1) A1셀에서 

을 클릭한 후, '새 규칙'을 선택한다.
2) '수식을 사용하여 서식을 지정할 셀 결정'을 선택한 후, 규칙 설명 편집에서 '=A1>0'을 입력한다.
3) '서식'-'채우기'를 선택한 후, 빨간색을 선택한다.
4) '확인'을 선택한다.

위의 절차에 따라 실행하는 과정과 그 결과는 다음 그림과 같다.

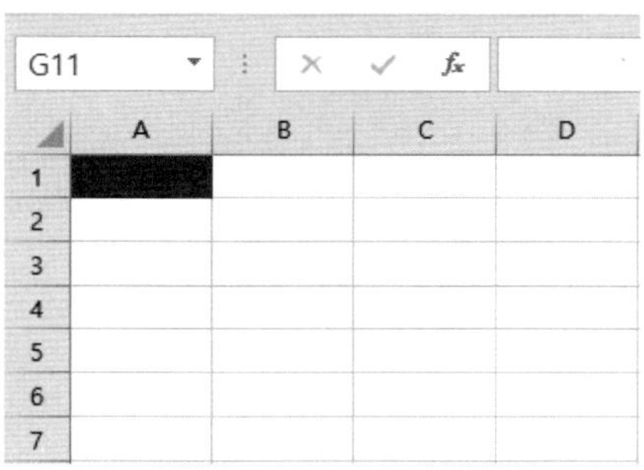

A1에 2를 입력하고
새 서식 규칙을 적용한 결과

A1에 -1을 입력하고
새 서식 규칙을 적용한 결과

제2장 비와 비율

일상생활에서 원화(₩)와 달러화($) 사이의 관계를 이용하여 원-달러 환율이라는 개념을 만든 것과 같이 두 수(양) 사이의 관계를 이용하여 새로운 값을 만들어 사용하는 경우를 흔히 볼 수 있다. 이러한 값은 타율, 환율, 실업률, 취업률, 연비와 같이 '율', '률', '비'의 용어를 사용하여 표현되거나 기존 용어와 연결하여 표현되고 있다.

이 장에서는 일상생활에서 가장 자주 사용되는 수학적 개념인 비, 비율, 비례식을 활용한 수치 자료를 이해하고자 한다.

2.1 비, 비율, 비례식

우리는 뉴스, 신문 등을 통해 취업률, 실업률, 출생률, 환율 등의 단어를 쉽게 찾아볼 수 있다. 이러한 단어는 두 수(양) 사이의 관계를 이용하여 새로운 값을 만든 것이다. 취업률은 취업자의 수와 경제활동인구 사이의 관계를 나타낸 것으로, 취업자의 수를 A, 경제활동인구를 B, 취업률을 C라고 하면 $C=\frac{A}{B}\times 100$로 정의된다.

이처럼 두 수(양) 사이의 관계를 이용하여 새로운 값을 만드는 방법으로 비와 비율에 대해 알아보자.

학습목표

• 비, 비율, 비례식의 개념을 이해하고 활용할 수 있다.

두 수(양) 사이의 값을 비교하는 방법으로 덧셈적 방법과 곱셈적 방법이 있다. 덧셈적 방법은 하나의 수가 다른 수의 값에 얼마를 더해야 하는가에 대한 방법이고, 곱셈적 방법은 하나의 수가 다른 수의 값에 얼마를 곱해야 하는가에 대한 방법이다. 덧셈적 방법과 곱셈적 방법을 정리하면 다음과 같다.

1) 덧셈적 방법: "a는 b에 얼마를 더해야 하는가"와 관련된 것으로 대표적으로 $a-b$가 있다.

2) 곱셈적 방법: "a는 b에 얼마를 곱해야 하는가"와 관련된 것으로 대표적으로 $\frac{a}{b}$가 있다.

1) 비(Ratio)

비(Ratio)는 두 수(양)이 같은 단위을 가질 때, 두 수(양) 사이의 곱셈적 관계를 이용하여 새로운 수를 만드는 방법이다. 이때 전체가 주어졌을 때, 두 수를 비교하는 방법은 두 가지 유형으로 나누어 볼 수 있다.

가. 부분을 전체에 비교하는 방법 : 전체-부분 관계

나. 부분을 다른 부분과 비교하는 방법 : 부분-부분 관계

비(Ratio)를 수학적으로 표현하는 방법은 두 수를 분수로 표현하거나 기호 ':'를 이용하여 나타내는 것으로 단위를 생략할 수 있다.

| 정의 2.1.1

비(Ratio)는 같은 단위를 갖는 두 양 a, b에 대하여 두 양 사이의 곱셈적 관계를 이용하여 새로운 수를 만드는 방법으로

$$\frac{a}{b} \text{ 또는 } a:b$$

와 같이 표현하고, 단위는 생략한다.

두 수를 비교하는 데 기준이 정해져 있다면, 기준이 되는 수(양)를 **기준량**이라 하고 다른 수(양)를 **비교량**이라 한다. 이때, 기준량을 a, 비교량을 b에 대하여 두 수 a와 b 사이의 비는

$$\frac{b}{a} \text{ 또는 } b:a$$

와 같이 표현한다.

예제 1

주 제	비
문 제	A학과의 재학생은 60명이다. 그 중 남학생은 25명이고 여학생은 35명이다. 또한 A학과의 재학생 중 운전면허증을 소지하고 있는 학생은 20명이고, 소지하지 않은 학생은 40명이다. 다음 물음에 답하시오.

❶ 남학생의 수와 여학생의 수의 비를 구하시오.

남학생의 수와 여학생의 수의 단위는 '명'으로 같다. 따라서 남학생의 수와 여학생의 수는 부분-부분 관계를 나타내는 비로 $25:35$(또는 $5:7$)이다. 또한 $\frac{25}{35}$(또는 $\frac{5}{7}$)이다.

❷ 운전면허증을 소지하고 있는 학생의 수와 여학생의 수의 비를 구하시오.

운전면허증을 소지한 학생의 수와 여학생의 수의 단위는 '명'으로 같다. 따라서 운전면허증을 소지한 학생의 수와 여학생의 수는 부분-부분 관계를 나타내는 비로 $20:35$(또는 $4:7$)이다. 또는 $\frac{20}{35}$(또는 $\frac{4}{7}$)이다.

❸ 재학생의 수에 대한 남학생의 수의 비를 구하시오.

재학생의 수와 남학생의 수의 단위는 '명'으로 같다. 이때, 재학생의 수는 기준량이고, 남학생의 수는 비교량이므로 $25:60$(또는 $5:12$)이다. 또는 $\frac{25}{60}$(또는 $\frac{5}{12}$)이다.

문제 1

주 제	비
문 제	다음은 2023년 교육통계 자료 중 일부를 나타낸 것으로, 유치원, 초등학교, 중학교, 고등학교의 수를 설립유형별로 나타낸 표이다. (단, 전체 학교는 유치원, 초등학교, 중학교, 고등학교를 포괄하는 용어로 간주하자.)

	유치원	초등학교	중학교	고등학교	합계
국립	3	17	9	19	48
공립	5,130	6,085	2,624	1,415	15,254
사립	3,308	73	632	945	4,958
합계	8,441	6,175	3,265	2,379	20,260

❶ 국립 유치원의 수와 사립 고등학교의 수의 비를 구하시오.

❷ 국립 중학교의 수와 공립 유치원의 수의 비를 구하시오.

❸ 전체 학교 수에 대한 공립 초등학교의 수의 비를 구하시오.

❹ 전체 유치원의 수에 대한 사립 유치원의 수의 비를 구하시오.

활동 1

주 제	비
문 제	특정 주제에 대한 데이터를 국가통계포털(https://kosis.kr)에서 찾으시오. 이 데이터를 바탕으로 두 수(양)에 대한 비를 구하시오.

❶ 국가통계포털에서 찾고자 하는 데이터의 주제를 쓰시오.

❷ ❶에서 찾은 데이터를 이용하여 전체-부분 관계와 관련된 비를 구하고자 한다. 두 수를 선택하여 그 수 사이의 비를 구하시오.

❸ ❷의 결과를 반영하여 실생활 맥락에서 해석하시오.

❹ ❶에서 찾은 데이터를 이용하여 부분-부분 관계와 관련된 비를 구하고자 한다. 두 수를 선택하여 그 수 사이의 비를 구하시오.

❺ ❹의 결과를 반영하여 실생활 맥락에서 해석하시오.

2) 비율(Rate)

비율(Rate)는 두 수(양)이 다른 단위를 가질 때, 두 수(양) 사이의 곱셈적 관계를 이용하여 새로운 수를 만드는 방법이다. 이때, 비율(Rate)을 두 수를 분수로 표현하여 수학적으로 나타내고, 일반적으로 단위를 표현한다. 예를 들어 상준이가 50시간 아르바이트를 하였더니 600,000원을 받았다고 하면, 시간의 단위는 시간(hour)이고 돈의 단위는 원(₩)이므로 시간과 가격의 비는 다음과 같이 표현할 수 있다.

$$\frac{50}{600000} = \frac{1}{12000}\text{시간/원 또는 }\frac{600000}{50} = 12000\text{원/시간}$$

| 정의 2.1.2

> 비율(Rate)은 다른 단위를 갖는 두 양 a, b에 대하여 두 양 사이의 곱셈적 관계를 이용하여 새로운 수를 만드는 방법으로
>
> $$\frac{a}{b}$$
>
> 와 같이 표현하고, 단위는 반드시 기입한다.

비와 마찬가지로 비율에서도 두 수를 비교하는 데 기준이 정해져 있다면, 기준이 되는 수(양)를 **기준량**이라 하고 다른 수(양)를 **비교량**이라 한다. 이때, 기준량을 a, 비교량을 b에 대하여 두 수 a와 b 사이의 비율은

$$\frac{b}{a}$$

와 같이 표현한다.

기준량과 비교량이 주어졌을 때, 기준량 1에 대한 비교량의 값을 **단위 비율**(unit rate)이라고 한다. 즉, 단위 비율은 분모가 1인 비율을 의미한다. 위의 상준이의 사례에서 단위 비율은 12000원/시간이며, 이를 해석하면 "1시간당 12000원을 받는다" 또는 "시급이 12000원이다"가 된다. 단위 비율은 서로 다른 단위를 갖는 두 양 사이의 관계를 비교하는 데 효율적으로 사용된다. 예를 들어 상준이는 50시간 아르바이트를 하였더니 600,000원을 받았으며, 현준이는 40시간 아르바이트를 하였더니 500,000원을 받았다고 하자. 상준이와 현준이가 시간당 받은 금액을 단위 비율로 표현하면, 상준이는 12000원/시간이고 현준이는 12500원/시간이다. 따라서 현준이가 상준이보다 시급이 더 높다.

예제 2

주 제	비율
문 제	율이는 취직을 한 기념으로 자동차를 구입하려고 하였다. 자동차 매장에 들어간 율이는 A모델의 자동차와 B모델의 자동차 중 선택하기로 결심하였다. A모델은 12 L의 휘발유로 144 km를 주행할 수 있고, B모델은 9 L의 휘발유로 135 km를 주행할 수 있었다. 다른 점은 고려하지 않고, 동일한 휘발유의 양으로 더 먼 거리를 운전할 수 있는 경제적인 차량을 구매하고자 할 때 어느 모델의 자동차를 선택해야 하는가?

❶ A모델의 휘발유의 양에 대한 주행거리의 단위 비율을 구하시오.

A모델의 휘발유의 양에 대한 주행거리의 비율은 $\frac{144\text{ km}}{12\text{ L}}$이고, 단위비율은 12 km/L이다.

❷ B모델의 휘발유에 대한 주행거리의 단위 비율을 구하시오.

B모델의 휘발유의 양에 대한 주행거리의 비율은 $\frac{135\text{ km}}{9\text{ L}}$이고, 단위비율은 15 km/L이다.

❸ 율이는 어느 모델의 자동차를 선택해야 할까?

1 L의 휘발유로 주행할 수 있는 거리는 B가 더 크므로 같은 양의 휘발유로 더 먼 거리를 운전할 수 있는 차량은 B이다. 따라서 B를 선택해야 한다.

문제 2

주 제	비율
문 제	하은이는 한우 세트를 선물하려고 대형 마트에 방문하였다. 이 마트에는 A회사와 B회사의 한우 선물 세트를 판매하고 있었다. 하은이는 두 회사의 한우 선물 세트에 사용된 한우의 부위와 등급이 같아 가격 대비 양이 많은 것을 선택하려고 한다. 다음은 두 회사의 한우 선물 세트의 중량과 가격을 나타낸 것이다.

	A회사	B회사
중량(g)	2,500	2,000
가격(원)	312,500	260,000

❶ A회사의 선물 세트에 대하여 100 g당 가격을 구하시오.

❷ B회사의 선물 세트에 대하여 100 g당 가격을 구하시오.

❸ 하은이는 어느 회사의 한우 선물 세트를 구입해야 하는지 말하시오.

활동 2

주 제	비율
문 제	연비, 단위 가격 등은 비율과 관련된 것으로 일상 생활에서 합리적인 선택을 하는 데 사용되는 수학적 개념이다. 일상 생활에서 어떠한 선택을 하는 데 있어 가치 판단의 기준으로 비율을 사용할 수 있는 예를 찾아보고, 실제 데이터를 찾아 그것을 바탕으로 합리적인 선택을 해보시오.

❶ 가치 판단의 기준으로 비율을 사용할 수 있는 예를 찾아보시오.

❷ ❶과 관련된 실제 데이터를 인터넷이나 실생활에서 2개 이상 찾아보시오.

❸ ❷의 2개 이상의 데이터를 활용하여 각각의 비율로 나타내시오.

❹ ❸의 결과를 실생활 맥락에서 해석하고, 어떤 선택을 하는 것이 합리적인지 설명하시오.

예제 3

주 제	비율의 응용
문 제	은찬이는 1년에 250일 근무하고 연봉 3000만 원 받는 조건으로 회사와 계약하였다. 최근 회사가 확장하여 올해 1년 동안 300일을 근무하게 되었다. 근무한 일 수에 비례하여 연봉을 받는다고 할 때, 은찬이는 얼마의 연봉을 받는 것이 합당할까?

❶ 은찬이가 하루 근무하는 데 받는 임금의 단위 비율(원/일)을 구하시오.

하루 근무하는 데 받는 임금의 단위 비율은 $\frac{30000000}{250}$ 원/일이다.

이를 간단히 나타내면 $120,000$ 원/일

❷ 은찬이는 얼마의 연봉을 받는 것이 합당한지 구하시오.

은찬이의 근무 일수 대비 임금의 비율이 $120,000$ 원/일이므로 300일을 일한 은찬이가 받는 연봉은 $120,000 \times 300 = 36,000,000$원

문제 3

주 제	비율의 응용
문 제	지수는 다음과 같은 조건으로 연봉 계약서를 작성하였다. 1. 2일 근무 후 1일 쉬는 것을 반복한다. 2. 한 달의 근로 시간은 150시간으로 한다. 3. 연봉은 3840만 원으로 한다. 4. 1년 중 근무하는 날의 수가 증가하면 다음의 규칙을 따른다. a) 하루 근무 시간은 평소와 동일하다. b) 급여는 근무한 시간에 비례하여 지급한다. 5. 1년 중 근무하는 날의 수가 감소할 때, 근로자인 지수의 책임 사유가 없다면 연봉은 3600만 원을 지급한다. 지수가 처음 6개월은 계약한 것과 같이 2일 근무 후 1일 쉬는 것을 반복하였다. 하지만 6개월이 되는 시점에 직원 한 명이 퇴사하여, 3일 근무 후 1일 쉬는 것으로 근무 방식을 바꾸었다. 1년간 받는 급여는 얼마가 되어야 하는가?

❶ 지수의 근로 시간에 대한 임금의 단위 비율(시급)을 구하시오.

❷ 지수가 1년간 일한 총 시간을 구하시오.

❸ 지수가 올해 1년간 받아야 하는 급여를 구하시오.

참고

정의에 따르면 비(ratio)는 서로 같은 단위를 갖는 두 양에 대한 곱셈적 관계를 나타낸 것이고, 비율(rate)은 서로 다른 단위를 갖는 두 양에 대한 곱셈적 관계를 나타낸 것이다. 하지만 초등수학에서 볼 수 있는 아래 문제를 풀이하는 데 다음과 같은 비례식을 사용할 수 있다.

문제

A자동차는 휘발유 5 L로 50 km를 주행할 수 있을 때, 휘발유 9 L로 주행할 수 있는 거리가 x km라 한다. x의 값을 구하시오.

풀이 5 L : 50 km = 9 L : x km이므로 $x = 90$이다.

위의 문제에서 휘발유의 양과 주행 거리는 서로 다른 단위를 사용하고 있어 비율(rate)의 관점에서 문제를 해결해야 한다. 따라서 비(ratio)의 표현인 5 L : 50 km를 사용해서는 안 된다. 하지만 실생활에서는 위와 같은 표현을 사용한다. 즉, 현실 상황에서 비(ratio)는 서로 다른 단위를 갖는 두 양에 대한 곱셈적 관계를 나타낸 경우에서도 사용한다.

앞서 살펴본 바와 같이, 비(ratio)는 전체-부분 사이의 관계를 나타낸 경우와 부분-부분 사이의 관계를 나타낸 경우로 나누어 볼 수 있다. 이때, 전체-부분 사이의 관계를 나타낸 비(ratio)를 비(proportion)라고 표현하기도 한다. 비(proportion), 비(ratio), 비례(rate)의 관계는 다음 그림과 같이 나타낼 수 있다.

3) 비례식

비례식은 "두 비나 비율이 같다"는 의미를 표현한 것으로, 등호 기호(=)를 기준으로 좌변과 우변에 같은 비나 비율을 나타낸다. 예를 들어 "휘발유 5 L로 50 km를 주행한 자동차와 휘발유 9 L로 90 km를 주행한 자동차의 연비(휘발유의 양에 대한 주행 거리의 비율)가 같다"를 비례식으로 나타내면

$$\frac{50\text{ km}}{5\text{ L}} = \frac{90\text{ km}}{9\text{ L}}$$

가 된다. 특히 비율과 관련된 비례식은 분자끼리의 단위가 같고, 분모끼리의 단위가 같아야 한다.

비 또는 비율 $\frac{a}{b}$와 $\frac{c}{d}$가 같으면 다음과 같은 두 가지 표현 방법으로 나타낸다.

1) $a : b = c : d$ 2) $\frac{a}{b} = \frac{c}{d}$

비례식을 해결하기 위해 사용되는 등식의 성질은 다음과 같다.

정리 2.1.3 등식의 성질

등식 $A = B$이면 다음이 성립한다.

1) $B = A$
   즉, 등식의 양변을 바꾸어도 등식은 성립한다.
2) $A + C = B + C$
   즉, 등식의 양변에 같은 수를 더하여도 등식은 성립한다.
3) $A - C = B - C$
   즉, 등식의 양변에 같은 수를 빼도 등식은 성립한다.
4) $A \times C = B \times C$
   즉, 등식의 양변에 같은 수를 곱하여도 등식은 성립한다.
5) $A \div C = B \div C$ (단, $C \neq 0$)
   즉, 등식의 양변에 0이 아닌 같은 수로 나누어도 등식은 성립한다.

비례식은 다음과 같은 성질을 갖는다.

| 정리 2.1.4 비례식의 성질

(1) a, b, c, d 가 0이 아닐 때, 다음 비례식은 서로 같다.

$$a : b = c : d \Leftrightarrow \frac{a}{b} = \frac{c}{d} \Leftrightarrow ad = bc$$

(2) $a : b = k_1 : k_2$, $b : c = k_2 : k_3$ 이면 $a : c = k_1 : k_3$가 성립한다.

기준량과 비교량이 주어진 비는 비례식의 성질을 이용하여 간단한 비로 나타낼 수 있다. 다음의 몇 가지 예를 살펴보도록 하자.

(1) GDP 대비 국세 : GDP 대비 지방세

두 비 'GDP 대비 국세'와 'GDP 대비 지방세'의 기준량은 모두 GDP이고 비교량은 각각 국세와 지방세이다. 따라서 두 비를 분수의 형태로 나타내면 $\frac{\text{국세}}{\text{GDP}}$, $\frac{\text{지방세}}{\text{GDP}}$가 된다.

$$\left(\frac{\text{국세}}{\text{GDP}}\right) \times (\text{지방세}) = \left(\frac{\text{지방세}}{\text{GDP}}\right) \times (\text{국세})$$

가 성립하므로

$$\left(\frac{\text{국세}}{\text{GDP}}\right) : \left(\frac{\text{지방세}}{\text{GDP}}\right) = (\text{국세}) : (\text{지방세})$$

가 성립한다. 즉, 'GDP 대비 국세 : GDP 대비 지방세'는 간단하게 '국세 : 지방세'로 나타낼 수 있다.

(2) 리터 당 주행거리 : 리터 당 비용

두 비율 '리터 당 주행거리'와 '리터 당 비용'의 기준량은 모두 리터이고 비교량은 각각 주행거리와 비용이다. 따라서 두 비율을 분수의 형태로 나타내면 $\frac{\text{주행거리}}{\text{리터}}$, $\frac{\text{비용}}{\text{리터}}$이 된다.

$$\left(\frac{\text{주행거리}}{\text{리터}}\right) \times (\text{비용}) = \left(\frac{\text{비용}}{\text{리터}}\right) \times (\text{주행거리})$$

가 성립하므로

$$\left(\frac{\text{주행거리}}{\text{리터}}\right) : \left(\frac{\text{비용}}{\text{리터}}\right) = (\text{주행거리}) : (\text{비용})$$

가 성립한다. 즉, '리터 당 주행거리 : 리터 당 비용'는 간단하게 '주행거리 : 비용'으로 나타낼 수 있다.

(3) 경찰관 1인당 인구수 : 소방관 1인당 인구수

두 비 '경찰관 1인당 인구수'와 '소방관 1인당 인구수'의 기준량은 각각 경찰관의 수와 소방관의 수이고 비교량은 모두 인구수이다. 따라서 두 비를 분수의 형태로 나타내면 $\frac{\text{인구수}}{\text{경찰관의 수}}$, $\frac{\text{인구수}}{\text{소방관의 수}}$이 된다.

$$\left(\frac{\text{인구수}}{\text{경찰관의 수}}\right)\times(\text{경찰관의 수})=\left(\frac{\text{인구수}}{\text{소방관의 수}}\right)\times(\text{소방관의 수})$$

가 성립하므로

$$\left(\frac{\text{인구수}}{\text{경찰관의 수}}\right):\left(\frac{\text{인구수}}{\text{소방관의 수}}\right)=(\text{소방관의 수}):(\text{경찰관의 수})$$

가 성립한다. 즉, '경찰관 1인당 인구수 : 소방관 1인당 인구수'은 간단하게 '소방관의 수 : 경찰관의 수'로 나타낼 수 있다.

(4) 달러 대비 원화 환율 : 엔화 대비 원화 환율

두 비율 '달러 대비 원화'와 '엔화 대비 원화'의 기준량은 각각 달러와 엔화이고 비교량은 모두 원화이다. 따라서 두 비율을 분수의 형태로 나타내면 $\frac{\text{원화}}{\text{달러}}$, $\frac{\text{원화}}{\text{엔화}}$이 된다.

$$\left(\frac{\text{원화}}{\text{달러}}\right)\times(\text{달러})=\left(\frac{\text{원화}}{\text{엔화}}\right)\times(\text{엔화})$$

가 성립하므로

$$\left(\frac{\text{원화}}{\text{달러}}\right):\left(\frac{\text{원화}}{\text{엔화}}\right)=(\text{엔화}):(\text{달러})$$

가 성립한다. 즉, '달러 대비 원화 환율 : 엔화 대비 원화 환율'은 간단하게 '엔화 : 달러'로 나타낼 수 있다.

예제 4

다음 비례식에서 x의 값을 구하시오.

(1) $\frac{8}{5}=\frac{x}{15}$　　　　(2) $21:7=30:x$

풀이 (1) $\frac{8}{5}=\frac{x}{15}$의 양변에 15를 곱하면 $24=x$이다. 따라서 $x=24$

(2) $21\times x=7\times 30$이므로 등식의 양변을 21로 나누면 $x=10$ ■

문제 4

주 제	비례식
문 제	미국 여행을 가기로 한 하린이와 예린이는 환전을 하기 위해 함께 은행에 갔다. 동일한 환율과 수수료를 적용받아 환전하였더니, 하린이는 1,845,000원으로 1,500달러를 받았다. 예린이가 2,000달러를 받으려고 할 때, 얼마의 원화를 지불해야 하는가?

❶ 비례식을 세우시오

❷ ❶에서 세운 비례식에서 x의 값을 구하시오.

실생활에서 전체의 양을 주어진 비에 따라 나누는 경우를 쉽게 볼 수 있다.

예를 들어 한 대학 박람회에서 1반 학생 25명과 2반 학생 30명이 참가하였다고 하자. 이때, 대학 박람회에서 110개의 기념품을 주었다면, 1반과 2반은 몇 개씩 가져가야 할지를 생각해보자.

1) 1반과 2반의 두 학급이 참여하였으므로 1 : 1로 나누는 방법
2) 1반과 2반의 참가자 수가 25 : 30이므로 110개를 25 : 30의 비율로 나누는 방법

첫 번째 방법은 두 학급의 학급 수의 비인 1 : 1로 나누어 생각한 것이고, 두 번째 방법은 두 학급의 구성원 수의 비인 25 : 30로 나누어 생각한 것이다. 이 두 가지 방법에서 1반이 가져가야 하는 것은 전체를 기준량으로 계산하면 다음과 같다.

1)의 경우: 전체 학급의 수는 2이므로 전체 학급 수에 대한 1반 학급 수의 비는 $\frac{1}{2}$이다. 따라서 $\frac{1}{2} \times 110 = 55$개다.

2)의 경우: 전체 학생의 수는 55명이므로 전체 학생 수에 대한 1반 학생 수의 비는 $\frac{25}{55}$이다. 따라서 $\frac{25}{55} \times 110 = 50$개다.

이와 같이 비율을 이용하여 전체를 나누는 것을 비례배분이라 한다.

정의 2.1.5

전체의 수(또는 양)를 주어진 비에 따라 나누는 것을 비례배분이라 한다.

예제 5

사탕 18개를 두 사람이 $4:5$의 비로 나눌 때, 각 사람이 가질 사탕의 개수를 구하시오.

풀이 $\frac{4}{9} \times 18 = 8$, $\frac{5}{9} \times 18 = 10$이므로 8개와 10개다. ■

문제 5

주 제	비례배분
문 제	어떤 회사는 세 부서 A, B, C에 회식비를 지급하려고 한다. 회사의 올해 회식비는 630만 원으로 책정되어 있으며, 회식비는 부서원의 수에 비례하여 각 부서에 지급하기로 하였다. A부서와 B부서의 인원 수의 비는 $11:4$이고, B부서와 C부서의 인원 수의 비는 $2:3$이다. 다음 물음에 답하시오.

❶ 전체 인원 수에 대한 부서 A 인원 수의 비를 구하시오.

❷ 전체 인원 수에 대한 부서 B 인원 수의 비를 구하시오.

❸ 전체 인원 수에 대한 부서 C 인원 수의 비를 구하시오.

❹ 각 부서에서 받게 될 회식비를 구하시오.

활동 3

주 제	비례식
문 제	비례식은 일상 생활에서 자주 사용되는 수학적 개념이다. 신문이나 통계 자료 등을 통해 일상에서 비례식이 사용되는 경우를 찾아보고, 비례식을 이용하여 실생활 문제를 해결해 보시오.

❶ 일상에서 비례식이 사용되는 경우를 찾아보시오.

❷ 일상에서 비례식을 이용하여 해결할 수 있는 문제를 찾아보시오.

❸ ❷의 문제 상황에 맞추어 비례식을 세우시오.

❹ ❸의 비례식을 풀고, 그 결과를 실생활 맥락에서 해석하시오.

2.2 비율자료

우리가 사용하는 수치자료는 크게 절대자료와 비율자료로 나눌 수 있다. 절대자료는 실제 크기를 나타내는 수치자료이며, 비율자료는 다른 수(양)와의 관계를 통해 나타내는 수치자료이다.

학습목표

- 절대자료와 비율자료를 이해하고 수치자료의 변화에 대해 설명할 수 있다.

1) 절대자료

개수, 인원, 매출 등 정확한 수치가 필요한 경우가 있다. 이 경우에는 각 수치가 실제 수(양)을 나타내는 자료를 사용하는데, 이 수치자료를 절대자료라 한다. 다음은 국가통계포털에 제시된 자료이다.

2022년 시도별 출생아 수와 사망자 수

	출생아 수 (명)	사망자 수 (명)
서울특별시	42,602	55,296
부산광역시	14,134	27,713
대구광역시	10,134	17,592
인천광역시	14,464	18,957
광주광역시	7,446	9,350
대전광역시	7,677	9,302
울산광역시	5,399	6,369
세종특별자치시	3,209	1,678
경기도	75,323	79,010
강원도	7,278	15,086
충청북도	7,452	14,108
충청남도	10,221	19,719
전라북도	7,032	17,852
전라남도	7,888	20,876
경상북도	11,311	27,840
경상남도	14,017	27,385
제주도	3,599	4,806
합계	249,186	372,939

2) 비율자료

절대자료는 실제 크기를 나타낸다는 장점이 있지만, 여러 자료 사이의 상대적인 크기(양)를 비교하기에 불편한 점이 있다. 따라서 여러 자료 사이에 다른 수(양)와의 관계를 쉽게 알 수 있도록 나타낸 자료를 비율자료라고 한다. 비율자료는 전체 기준량에 대한 상대적인 양을 나타내는 비, 전체 양에 대하여 각 부분이 차지하는 비를 나타낸 구성비, 변화하는 상황에 대해 변화 정도를 나타낸 변화율, 특정한 시점이나 수량을 기준으로 상대적인 비를 나타낸 지수(index)자료가 있다.

(1) 백분율(percent, 기호는 %)

전체를 100으로 보았을 때 상대적인 양을 나타내는 비로, 일반적으로 가장 많이 사용된다.

$$\text{백분율} = \frac{\text{부분}}{\text{전체}} \times 100 \quad (\text{단위: } \%)$$

(예) 물 190 g에 소금 10 g을 넣었을 때의 소금물의 농도는

$$\frac{10}{190+10} \times 100 = 5\ (\%)$$

(2) 천분율(permill, 기호는 ‰)

전체를 1,000으로 보았을 때 상대적인 양을 나타내는 비로, 백분율로 표현하기에 상대적인 크기가 더 작을 때 사용한다. 대표적인 예로 해수의 농도를 표현하는 데 사용된다.

$$\text{천분율} = \frac{\text{부분}}{\text{전체}} \times 1000 \quad (\text{단위: } ‰)$$

(예) 세계 전체 해양의 평균 염분은 약 35 ‰이다. 이는 바닷물 1000 g에 35 g의 소금이 포함되어 있음을 의미한다.

(3) 만분율(basis point, 기호는 bp 또는 ‱)

전체를 10,000으로 보았을 때 상대적인 양을 나타내는 비로, 백분율이나 천분율로 표현하기에 상대적인 크기가 더 작을 때 사용한다. 대표적인 예로 사망 만인율(근로자 만 명당 산재사망자 수)가 있다.

(4) 십만분율

전체를 100,000으로 보았을 때 상대적인 양을 나타내는 비로, 대표적인 예로 암 사망률, 교통사고 사망률이 있다.

(5) 구성비

전체를 100으로 두었을 때, 전체를 구성하는 각 부분이 차지하는 비율을 %로 나타낸 자료이다.

(예) 어느 학과 학생들의 인원이 다음과 같다고 하자.

	1학년	2학년	3학년	4학년	전체
인원	13	10	15	12	50

전체 인원 수에 대한 각 학년의 비를 백분율로 나타내면

$$1학년 : \frac{13}{50} \times 100 = 26\ (\%)$$

$$2학년 : \frac{10}{50} \times 100 = 20\ (\%)$$

$$3학년 : \frac{15}{50} \times 100 = 30\ (\%)$$

$$4학년 : \frac{12}{50} \times 100 = 24\ (\%)$$

이를 이용하여 구성비를 나타내면 다음과 같다.

	1학년	2학년	3학년	4학년
인원비 (%)	26	20	30	24

(6) 변화율

기준량이 변화하기 전의 수(양)이고, 비교량이 변화한 양(변화한 이후의 양-변화하기 전의 양)이라 하자. 이때, 기준량에 대한 비교량의 비를 백분율로 나타낸 것을 변화율이라 한다. 일반적으로 변화율이 0보다 크면 증가율이라 하고, 변화율이 0보다 작으면 감소율이라 한다.

$$변화율 = \frac{변화한\ 양}{변화하기\ 전의\ 양} \times 100\ (단위:\ \%)$$

(예) 어느 회사의 2023년과 2024년의 매출이 다음과 같다.

	2023년	2024년
매출 (억)	150	330

이 회사의 2023년 대비 2024년 매출의 증가율은

$$\frac{330-150}{150}\times 100=\frac{180}{150}\times 100=120\ \ \%$$

(7) 지수(index)자료

특정 시점이나 수치를 기준량으로 한 상대적인 비를 백분율(또는 천분율)로 나타낸 것을 지수자료라고 한다. 지수자료는 시기에 따른 변화율을 나타내고자 할 때 사용되며, 대표적인 예로 코스피 지수, 코스닥 지수가 있다. 다음 예를 통해 지수자료의 필요성을 알아보자.

(예) 어느 회사는 코로나 19로 인해 2020년의 매출이 큰 폭으로 감소하였으며, 이후 매년 매출이 조금씩 상승하였다. 이 회사의 2019년부터 2024년까지의 매출이 다음과 같다.

	2019년	2020년	2021년	2022년	2023년	2024년
매출 (억)	400	100	150	210	300	400

위의 표를 바탕으로 이 회사 매출의 전년 대비 변화율을 나타내면 다음과 같다.

	2020년	2021년	2022년	2023년	2024년
변화율 (%)	−75	50	40	42.86	33.33

변화율을 나타낸 위의 표에 따라 2020년에는 코로나로 인해 매출이 감소하였지만 이후 매년 꾸준히 상승하였다고 설명하는 것은 바람직할까? 이와 같은 분석이 틀렸다고 말하기는 힘들다. 하지만 2019년과 2024년의 매출이 같다는 점을 생각하였을 때, 2021년부터 2023년까지의 매출도 코로나 19의 영향이 있었다고 볼 수 있을 것이다. 따라서 이와 같은 경우는 2019년의 매출을 기준으로 매년의 매출을 분석하는 것으로 유의미한 결과를 도출할 수 있다.

2019년의 매출을 기준량으로 하여 매해 매출의 상대적인 비를 나타내면 다음과 같다.

	2020년	2021년	2022년	2023년	2024년
지수 (%)	25	37.5	52.5	75	100

위의 표를 바탕으로 해석하면, 2020년에는 2019년의 25% 수준의 매출을 올렸으며, 이후 꾸준히 증가하다가 2024년에 들어서야 2019년과 같은 매출을 올렸다고 말할 수 있다.

코스피 지수(KOSPI: KOrea composite Stock Price Index)는 매일 변하는 주식의 변화율을 대신하여 한국거래소의 유가증권시장에 상장된 회사들의 주식에 대한 총합인 시가총액의 기준시점과 비교하여 매일의 시가총액을 나타내는 방법이다. 코스피 지수는 1980년 1월 4일의 시가총액을 기준량 100으로 하여 나타낸 것이다.

예를 들어 1980년 1월 4일의 시가총액을 a, 2024년 3월 8일의 시가총액을 b라 할 때, 2024년 3월 8일의 코스피 지수는

$$\frac{b}{a} \times 100$$

이다.

반면 코스닥 지수는 매일 변하는 주식의 변화율을 대신하여 한국거래소의 코스닥 시장에 상장된 회사들의 주식에 대한 총합인 시가총액의 기준시점과 비교하여 매일의 시가총액을 나타내는 방법이다. 코스닥 지수는 1996년 7월 1일의 시가총액을 기준량 1000으로 하여 나타낸 것이다. 예를 들어 1996년 7월 1일의 시가총액을 a, 2024년 3월 8일의 시가총액을 b라 할 때, 2024년 3월 8일의 코스닥 지수는

$$\frac{b}{a} \times 100$$

이다.

예제 1

주 제	비율자료
문 제	다음은 고용노동통계에서 2020년부터 2022년까지의 '직종별 근로자 임금지수 추이'를 나타낸 표이다.

사무종사자=100

	임금격차 (사무종사자=100)						
	관리자	전문가 및 관련 종사자	사무 종사자	서비스 종사자	판매 종사자	농림 어업 숙련 종사자	기능원 및 관련 기능 종사자
2020	248	104	100	46	81	65	83
2021	249	101	100	45	80	63	82
2022	261	102	100	46	79	61	81

위의 표의 내용만을 이용하여 다음 지문의 정오를 답하시오.

❶ 전문가 및 관련 종사자의 임금은 2021년도에 가장 낮다.

정답 : ×

각 년도의 사무종사자의 임금이 제시되지 않았으므로 판단할 수 없다.

❷ 2020년도에 관리자의 임금은 서비스 종사자의 임금의 5배 이상이다.

정답 : ○

관리자 : 사무종사자 $= 248 : 100$, 사무종사자 : 서비스 종사자 $= 100 : 46$이므로 관리자 : 서비스 종사자 $= 248 : 46$이다. $\frac{248}{46} > \frac{230}{46} = 5$이므로 관리자의 임금은 서비스 종사자의 임금의 5배 이상이다.

❸ 2022년 사무종사자의 임금이 4500만 원이라면 판매 종사자의 임금은 3555만 원이다.

정답 : ○

$100 : 79 = 4500 : x$이므로 $x = \frac{4500 \times 79}{100} = 3555$만 원이다.

문제 1

주 제	비율자료
문 제	다음은 KOTRA의 통계 자료에서 2020년부터 2022년의 '우리나라의 수출 구성비'를 연도별로 나타낸 것이다.

단위: %

	중국	미국	베트남	홍콩	일본	기타
2020	25.9	14.5	9.5	6.0	4.9	39.2
2021	25.3	14.9	8.8	5.8	4.7	40.5
2022	22.8	16.1	8.9	4.0	4.5	43.7

위의 표의 내용만을 이용하여 다음 지문의 정오를 답하시오.

❶ 2020년부터 2022년의 우리나라 수출액은 중국, 미국, 베트남, 홍콩, 일본 중 중국이 가장 많다.

❷ 2020년부터 2022년까지 미국으로의 수출액은 계속 증가하였다.

❸ 2022년의 베트남으로의 수출액이 홍콩과 일본의 수출액 합보다 많다.

❹ 2022년 홍콩으로의 수출액이 약 280억 달러이면 일본으로의 수출액은 약 315억 달러이다.

활동 1

주 제	비율자료
문 제	특정 주제에 대한 데이터를 국가통계포털(https://kosis.kr)에서 찾으시오. 이 데이터를 이용하여 비율자료를 구성하고, 이 비율자료를 통해 알 수 있는 정보를 찾으시오.

❶ 국가통계포털에서 찾고자 하는 데이터의 주제를 쓰시오.

❷ ❶에서 찾은 데이터를 이용하여 비율자료로 나타내시오.

❸ ❷의 결과를 이용하여 알 수 있는 정보를 찾으시오.

3) 변화에 대한 덧셈적 사고와 곱셈적 사고

변화하는 상황에서 변화를 수치로 표현하는 방법은 덧셈적 사고를 통한 방법과 곱셈적 사고를 통한 방법이 있다.

1) 덧셈적 방법: “a에서 b로 변화하였을 때, 얼마만큼 변화하였는가”와 관련된 것
2) 곱셈적 방법: “a에서 b로 변화하였을 때, 변화량은 a의 몇 배인가”와 관련된 것

(1) 절대자료에서의 변화량과 변화율

일반적으로 덧셈적 방법에서의 변화는 ‘변화량(또는 변화폭)’으로 표현한다. 반면 곱셈적 방법에서의 변화는 ‘변화율’로 나타낸다. 일반적으로 변화량이 크다고 변화율이 큰 것은 아니며, 반대로 변화율이 크다고 변화량이 큰 것도 아니다. 따라서 상황에 맞추어 변화량과 변화율 중 어느 것을 선택해야 할지 판단해야 한다.

예제 2

주 제	변화량과 변화율
문 제	두 프로야구 선수인 지훈이와 정훈이의 임금 협상이 끝났다. 두 선수의 작년과 올해의 연봉은 다음과 같다.

단위 : 만 원

	작년	올해
지훈	4000	8000
정훈	15000	25000

❶ 두 선수 중 연봉의 증가량이 더 큰 선수는 누구인가?

지훈: 4000만 원, 정훈: 1억 원

따라서 정훈이의 연봉의 증가량이 더 크다.

❷ 두 선수 중 연봉의 증가율이 더 큰 선수는 누구인가?

지훈: $\frac{8000-4000}{4000}\times 100 = 100\ \%$, 정훈: $\frac{10000}{15000}\times 100 \approx 66.67\ \%$ 따라서 지훈이의 연봉의 증가율이 더 크다.

문제 2

주 제	변화량과 변화율
문 제	두 주식회사 A, B의 어제와 오늘 주가를 조사하였더니 다음과 같다.

단위 : 원

	어제	오늘
A	3000	3300
B	1000	1200

❶ 두 회사 A, B의 주가의 변화량을 구하시오.

❷ 두 회사 A, B의 주가의 변화율을 구하시오.

❸ 강수는 회사 A의 주식을 100주 가지고 있으며, 연수는 회사 B의 주식을 100주 가지고 있다. 강수와 연수가 가지고 있는 주식 100주 전체의 어제 가치와 오늘 가치를 각각 구하시오.

❹ ❸의 결과에서 강수와 연수 중 누구의 수익이 더 좋은지 판단하기 위해서 주가의 변화량과 주가의 변화율 중 어느 것을 기준으로 선택하는 것이 좋은지 말하시오.

❺ 어제 강수는 300만 원으로 회사 A의 주식을 최대한 구입하였으며, 연수는 300만 원으로 회사 B의 주식을 최대한 구입하였다. 강수와 연수가 가지고 있는 주식 전체의 오늘 가치를 각각 구하시오.

❻ ❺의 결과에서 강수와 연수 중 누구의 수익이 더 좋은지 판단하기 위해서 주가의 변화량과 주가의 변화율 중 어느 것을 기준으로 선택하는 것이 좋은지 말하시오.

❼ ❹와 ❻의 결과를 비교하고 그 차이를 설명하시오.

활동 2

주 제	비율자료
문 제	특정 주제에 대한 데이터를 국가통계포털(https://kosis.kr)에서 찾으시오. 동일한 주제에 대하여 서로 다른 두 시기의 데이터를 이용하여 다음 물음에 답하시오.

❶ 국가통계포털에서 찾고자 하는 데이터의 주제를 쓰시오.

❷ ❶에서 찾은 데이터를 이용하여 절대자료로 두 시기의 데이터를 요약하여 나타내시오.

❸ ❷의 결과를 이용하여 변화량과 변화율의 측면에서 알 수 있는 정보를 찾으시오.

(2) 비율자료의 변화량과 변화율

비율자료에 대한 변화 정도도 덧셈적 사고를 이용한 방법과 곱셈적 사고를 이용한 방법으로 나타낼 수 있다. 특히 비율자료 중 구성비(또는 백분율)에 대해 변화 정도를 나타내는 경우가 많이 있다. 덧셈적 방법에서의 변화는 '변화량(또는 변화폭)'으로 표현한다. 반면 곱셈적 방법에서의 변화는 '변화율'로 나타낸다.

1) 덧셈적 방법(변화량)

"a %에서 b %로 변화하였을 때, b %는 a %에서 얼마를 더해야 하는가"에 관한 방법으로 단위는 %p(percent point)를 사용한다. 즉, a %에서 b %로 변화하였다면 그 변화량은 $(b-a)$ %p이다.

2) 곱셈적 방법(변화율)

"a %에서 b %로 변화하였을 때, 그 변화율은 얼마인가"와 관련된 것으로 단위는 %를 사용한다. 즉, a %에서 b %로 변화하였다면 그 변화율은 $\frac{b-a}{a} \times 100$ %이다.

일반적으로 변화량이 크다고 변화율이 큰 것은 아니며, 반대로 변화율이 크다고 변화량이 큰 것도 아니다. 따라서 상황에 맞추어 변화량과 변화율 중 어느 것을 선택해야 할지 판단해야 한다.

예제 3

주 제	변화량과 변화율
문 제	어느 국가의 실업률을 조사하였더니 작년의 실업률은 2.5 %이고, 올해 실업률은 4.0 %이었다. (1) 이 국가의 1년 동안 실업률의 변화량을 구하시오. (2) 이 국가의 1년 동안 실업률의 변화율을 구하시오.

❶ 이 국가의 1년 동안 실업률의 변화량을 구하시오.

2.5 %에서 4.0 %로 변화하였으므로 변화량은 1.5 %p이다. 즉, 실업률은 1.5 %p 증가하였다.

❷ 이 국가의 1년 동안 실업률의 변화율을 구하시오.

$\frac{4.0-2.5}{2.5} \times 100 = 60$이므로 실업률은 60 % 증가하였다.

문제 3

주 제	비율자료의 변화량과 변화율
문 제	다음은 2006년과 2012년의 10대들이 소셜 미디어 프로필에 게시한 자료의 비율을 나타낸 막대그래프이다. **10대들은 SNS에 어떤 정보를 올렸는가? - 2006년과 2012년** 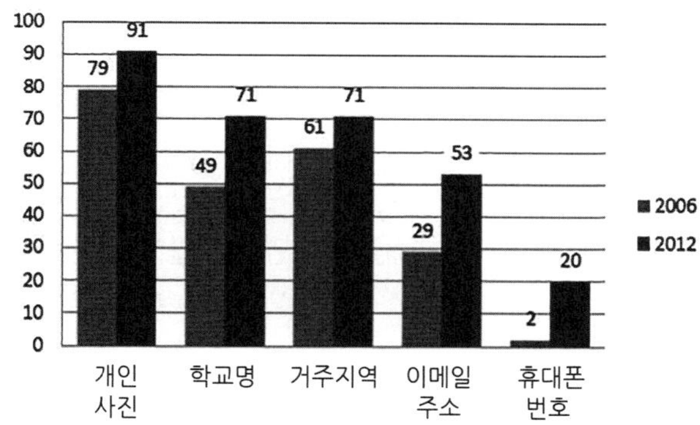 위의 그래프만을 이용하여 다음 지문의 정오를 답하시오.

❶ 2006년에 비해 2012년에 자신의 사진을 게시한 사람의 수가 증가하였다.

❷ 자신이 살고 있는 지역을 게시한 비율은 2006년에 비해 2012년에 10 %p가 증가하였다.

❸ 휴대폰 번호를 게시한 비율은 2006년에 비해 2012년에 900 % 증가하였다.

활동 3

주 제	비율자료
문 제	〈활동 2〉에서 찾은 데이터를 바탕으로 다음 물음에 답하시오.

❶ 〈활동 2〉의 문제 ❷의 결과를 비율자료로 나타내시오.

❷ ❶의 결과를 이용하여 변화량과 변화율의 측면에서 알 수 있는 정보를 찾으시오.

❸ ❷의 결과를 이용하여 변화량이 크지만 변화율이 크지 않을 수 있음을 설명할 수 있는지 알아보고, 만약 ❷의 결과로부터 알 수 없다면 이를 알 수 있는 가상의 자료를 만들어 설명하시오.

2.3 할인, 인상, 정기예금

실생활에서 변화율의 개념인 증가율과 감소율은 각각 인상과 할인의 개념으로 적용된다. 인상과 할인은 경제 활동에서 활용되며, 더 나아가 금융 분야에서는 예금, 적금, 할부, 연금의 가치 계산 등에 활용된다. 본 절에서는 인상과 할인, 정기예금에 대해 살펴보고자 한다.

학습목표

- 인상과 할인을 이해하고 설명할 수 있다.
- 복리법으로서 정기예금을 이해하고 설명할 수 있다.

1) 인상

일상생활에서 많이 쓰이는 변화율의 개념 중 하나는 인상이다. 인상은 연봉의 인상, 라면값의 인상 등의 용어로 각종 미디어에서 살펴볼 수 있다. 특히 여기에서는 인상률을 일상생활에서 자주 쓰이는 방법인 백분율로써 다루고자 한다.

인상률을 변화율의 개념으로 생각하면 다음과 같은 식을 알 수 있다.

(가) $\text{인상률} = \dfrac{\text{인상된 금액}}{\text{인상 전 금액}} \times 100\ (\%)$

(나) $\text{인상된 금액} = (\text{인상 전 금액}) \times \dfrac{(\text{인상률})}{100}$

(다) $\text{인상 후 금액} = (\text{인상 전 금액}) + (\text{인상된 금액})$

$= (\text{인상 전 금액}) + (\text{인상 전 금액}) \times \dfrac{(\text{인상률})}{100}$

$= (\text{인상 전 금액}) \times \left(1 + \dfrac{(\text{인상률})}{100}\right)$

예제 1

주 제	인상
문 제	작년에 8만 원이었던 와인이 올해가 되면서 가격이 10 % 인상되었다. 작년에 비해 인상된 금액과 올해 판매 가격을 구하시오.

$\text{인상된 금액} = (\text{인상 전 금액}) \times \dfrac{(\text{인상률})}{100}$임을 이용하면

인상된 금액은 $80000 \times \dfrac{10}{100} = 8000$원이다.

인상 후 금액=(인상 전 금액)+(인상된 금액)임을 이용하면

올해 판매 금액은 $80000 + 8000 = 88000$원이다.

문제 1

주 제	인상
문 제	회사원인 찬이의 작년 연봉은 5000만 원이었다. 작년 말 연봉 협상을 통해 올해 연봉이 7000만 원이 되었다. 연봉의 인상률이 몇 %인지 구하시오.

2) 할인

일상생활에서 많이 쓰이는 변화율의 개념 중 또 다른 하나는 할인이다. 할인은 상품 가격의 할인 등의 용어로 쉽게 찾아볼 수 있다. 특히 여기에서는 할인율을 일상생활에서 자주 쓰이는 방법인 백분율로써 다루고자 한다.

할인율을 변화율의 개념으로 생각하면 다음과 같은 식을 알 수 있다.

(가) $\text{할인율} = \dfrac{\text{할인된 금액}}{\text{할인 전 금액}} \times 100\ (\%)$

(나) $\text{할인된 금액} = (\text{할인 전 금액}) \times \dfrac{(\text{할인율})}{100}$

(다) $\text{할인 후 금액} = (\text{할인 전 금액}) - (\text{할인된 금액})$

$$= (\text{할인 전 금액}) - (\text{할인 전 금액}) \times \frac{(\text{할인율})}{100}$$

$$= (\text{할인 전 금액}) \times \left(1 - \frac{(\text{할인율})}{100}\right)$$

예제 2

주 제	할인
문 제	어떤 전자제품 판매장은 전시 상품에 대해 15 % 할인하여 판매한다고 한다. 수민이는 이 매장에 방문하여 냉장고를 구매하려고 한다. 수민이가 원래 가격이 300만 원이었던 냉장고의 전시 상품을 구매하고자 할 때, 지불해야 할 금액을 구하시오.

할인된 금액=(할인 전 금액)$\times \dfrac{(\text{할인율})}{100}$임을 이용하면

할인된 금액은 $300 \times \dfrac{15}{100} = 45$만 원이다.

할인 후 금액=(할인 전 금액)-(할인된 금액)임을 이용하면

지불해야 할 금액은 $300 - 45 = 255$만 원이다.

문제 2

주 제	할인
문 제	현호는 정가가 25만 원인 상품을 할인받아 15만 원에 구입하였다. 현호가 산 물건의 할인율이 몇 %인지 구하시오.

문제 3

주 제	할인
문 제	지훈이는 옷을 구입하려고 백화점에 갔다. 지훈이는 30 %를 할인받아 14만 원을 지불하였다. 지훈이가 구입한 옷의 원래 가격을 구하시오.

활동 1

주 제	인상률과 할인율
문 제	나는 생활비 적절하게 지출하고 있는지 생각해보자.

❶ 다음 항목별로 본인의 2달 전의 생활비 금액을 정리하시오.

주거비	식비	부식비	교통비	의류, 미용	유흥, 문화생활	통신비	저축	기타	총합

(식비는 식사비용만, 부식비는 커피, 음료, 간식 등의 비용)

❷ ❶의 각 항목별 생활비가 전체에서 차지하는 비중을 백분율로 계산하시오.

주거비	식비	부식비	교통비	의류, 미용	유흥, 문화생활	통신비	저축	기타	총합
									100%

❸ 다음 항목별로 본인의 1달 전의 생활비 금액을 정리하시오.

주거비	식비	부식비	교통비	의류, 미용	유흥, 문화생활	통신비	저축	기타	총합

❹ ❸의 각 항목별 생활비가 전체에서 차지하는 비중을 백분율로 계산하시오.

주거비	식비	부식비	교통비	의류, 미용	유흥, 문화생활	통신비	저축	기타	총합
									100%

❺ ❶과 ❸의 결과를 이용하여 각 항목별로의 변화율을 구하고, 이를 해석하시오.

주거비	식비	부식비	교통비	의류, 미용	유흥, 문화생활	통신비	저축	기타	총합

❻ ❷과 ❹의 결과를 이용하여 구성비의 변화율을 구하고, 이를 해석하시오.

주거비	식비	부식비	교통비	의류, 미용	유흥, 문화생활	통신비	저축	기타	총합
									100%

3) 정기예금(복리)

사람들은 은행에 예금이나 적금을 통해 저축하기도 하고, 주식이나 부동산 등 다양한 영역에 투자하기도 한다. 또한 생활하는 데 부족한 돈을 대출받거나 물건을 구입하는 데 할부 제도를 이용하기도 한다.

저축하거나 대출, 할부 과정에는 일정한 비율의 이자가 발생하며, 이자를 계산하는 방법으로 단리법과 복리법이 있다. 단리법은 원금에 대해서만 이자를 계산하는 방법이고, 복리법은 원리합계(원금+이자)에 대해 이자를 계산하는 방법이다.

정기예금은 은행에 원금을 일정 기간동안 한 번에 저축하고 그 기간이 지나면 원리합계를 받는 저축 상품이다. 실제 대부분의 은행에서 정기예금은 이자를 계산함에 있어 복리법을 사용한다.

원금 A원을 연이율 r %로 복리로 n년 동안 정기예금하였을 때, 원리합계를 구하시오.

n년 후	원리합계
0	A
1	$A+A\times\frac{r}{100}=A\left(1+\frac{r}{100}\right)$
2	$A\left(1+\frac{r}{100}\right)+A\left(1+\frac{r}{100}\right)\times\frac{r}{100}=A\left(1+\frac{r}{100}\right)^2$
3	$A\left(1+\frac{r}{100}\right)^2+A\left(1+\frac{r}{100}\right)^2\times\frac{r}{100}=A\left(1+\frac{r}{100}\right)^3$
4	$A\left(1+\frac{r}{100}\right)^3+A\left(1+\frac{r}{100}\right)^3\times\frac{r}{100}=A\left(1+\frac{r}{100}\right)^4$
⋮	⋮
n	$A\left(1+\frac{r}{100}\right)^n$

이상을 정리하면 다음과 같다.

▌정리 2.3.1 정기예금(복리)

원금 A원을 연이율 r%로 복리로 n년 동안 정기예금하였을 때

1) 원리합계는 $A\left(1+\frac{r}{100}\right)^n$

2) 이자의 총 금액은 $A\left(1+\frac{r}{100}\right)^n - A$

예제 3

주 제	정기예금
문 제	1000만 원을 연이율 1 % 복리로 4년간 예금하였을 때, 원리합계를 구하시오.

1000만 원을 연이율 1 % 복리로 4년간 예금하였을 때의 원리합계는

$1000\times(1+0.01)^4 = 1000\times 1.01^4 = 1040.604$만 원이다.

즉 원리합계는 10,406,040원이다.

문제 4

주 제	정기예금
문 제	500만 원을 연이율 4 % 복리로 2년간 예금하였을 때, 원리합계를 구하시오.

활동 2

주 제	정기예금
문 제	시중 은행에는 다양한 정기예금 상품이 있다. 정기예금 상품에 대한 정보를 기반으로 만기시 원리합계를 계산하시오.

❶ 시중 은행 중 하나를 선택하여 정기예금 상품의 정보(가입 기간 및 연이율 등)를 찾으시오.

❷ 100만 원을 ❶에서 찾은 정기예금 상품에 가입한다고 한다. 1년 후의 원리합계를 복리법에 기반하여 계산하시오.

❸ 100만 원을 ❶에서 찾은 정기예금 상품에 가입한다고 한다. 만기 시 받을 수 있는 원리합계를 구하시오. (단, 세금은 고려하지 않는다.)

2.4 EXCEL의 활용

1. 비율자료의 변화율

비율자료가 변화하였을 때의 변화는 변화량이나 변화율로 측정하며, 그 과정에서 동일한 계산을 반복하여 수행하는 경우가 발생한다. 이러한 경우에는 EXCEL을 이용하여 결과를 쉽게 판단할 수 있다. 다음의 예를 이용하여 문제 해결 과정을 살펴보도록 하자.

예제

다음은 A 회사의 품목별 2024년 A 회사의 총 수출액에서 차지하는 비중과 품목별 2024년 대비 2025년 수출액의 증가율을 나타낸 것이다. 2024년 총 수출액이 5000억 원이라고 할 때, 2025년의 품목별 수출액과 그 구성비를 구하시오.

수출액에서 품목별 차지하는 비중과 전년대비 수출액 증가율 (단위: %)

구 분	2024	2025		
	수출액 구성비	수출액 증가율	수출액	수출액 구성비
컴퓨터	40	10		
반도체	30	30		
휴대폰	20	20		
냉장고	10	30		

위의 문제에서 품목별 전년대비 수출액 증가율이 제시되어 있으므로 2024년의 품목별 수출액을 먼저 계산되어야 한다. 이후 2024년의 수출액과 전년대비 수출액 증가율을 바탕으로 2025년의 수출액을 구하고, 2025년의 총 수출액을 기준으로 각 품목별 수출액 구성비를 구하면 된다. 위의 문제 해결 과정으로 문제를 해결하기 위해 EXCEL 환경에서 다음과 같이 표를 제작하고, 절차에 따라 실행하자.

	A	B	C	D	E	F
1		2024		2025		
2		수출액 구성비	수출액	수출액 증가율	수출액	수출액 구성비
3	컴퓨터	40		10		
4	반도체	30		30		
5	휴대폰	20		20		
6	냉장고	10		30		
7	전체					

1) B7에 '=sum(B3:B6)' 또는 '=B3+B4+B5+B6'를 입력하여 2024년 수출액 구성비의 합을 구하자.
2) C3에 '=5000*B3/100'을 입력하여 2024년 컴퓨터 품목의 수출액을 구하자.
3) C4부터 C6까지 위와 같은 방법으로 입력하자. 이 경우에는 C3셀을 선택한 후, 직사각형의 오른쪽 아랫부분을 클릭한 채 C6까지 드래그하면 같은 수식이 입력된다.
4) E3에 '=C3*(1+D3/100)'을 입력하여 2025년 컴퓨터 품목의 수출액을 구하자.
5) E4부터 E6까지 위와 같은 방법으로 입력하자. 이 경우에는 E3셀을 선택한 후, 직사각형의 오른쪽 아랫부분을 클릭한 채 E6까지 드래그하면 같은 수식이 입력된다.
6) E7에 '=sum(E3:E6)' 또는 '=E3+E4+E5+E6'를 입력하여 2025년 수출액의 합을 구하자.
7) F3에 '=E3/$E$7*100'을 입력하여 2025년 컴퓨터 품목의 수출액 구성비를 구하자.
8) F4부터 F6까지 위와 같은 방법으로 입력하자. 이 경우에는 F3셀을 선택한 후, 직사각형의 오른쪽 아랫부분을 클릭한 채 F6까지 드래그하면 같은 수식이 입력된다.

위의 1)~8)을 실행한 결과는 다음과 같다.

	A	B	C	D	E	F
1		2024		2025		
2		수출액 구성비	수출액	수출액 증가율	수출액	수출액 구성비
3	컴퓨터	40	2000	10	2200	36.66666667
4	반도체	30	1500	30	1950	32.5
5	휴대폰	20	1000	20	1200	20
6	냉장고	10	500	30	650	10.83333333
7	전체	100			6000	

2. 정기예금

원금 A를 연이율 $r\%$ 복리로 n년 동안 정기예금하였을 때의 원리합계를 구하는 방법을 살펴보았다. 이러한 계산은 거듭제곱이 포함되어 있어 손으로 계산하기는 매우 번거롭다는 단점이 있다. 또한 실생활에서는 어떠한 물건을 구입하기 위하여 정기예금을 하는 경우가 있다. 이처럼 만기 시 받고자 하는 원리합계가 주어진 경우에는 (a) 특정한 기간에 원리합계를 달성하기 위한 최소의 연복리 $r\%$를 구하는 문제 (b) 연복리가 주어졌을 때 원리합계를 받기 위해 정기예금에 가입해야 하는 최소의 기간 n을 구하는 문제 (c) 연복리와 정기예금의 가입 기간이 주어졌을 때 필요한 최소의 원금을 구하는 문제를 해결해야 할 필요가 있다.

EXCEL 환경에서 다음의 4가지 상황을 해결해보자.

(1) 원금 A를 연이율 r%의 복리로 n년 동안 정기예금하였을 때의 원리합계
(2) 원금 A를 복리로 n년 동안 정기예금하여 받는 원리합계가 B가 되는 데 필요한 최소 연이율
(3) 원금 A를 연이율 r%의 복리로 정기예금하여 받는 원리합계가 B가 되는 데 필요한 최소 가입 기간
(4) 연이율 r%의 복리로 n년 동안 정기예금하여 받는 원리합계가 B가 되는 데 필요한 최소의 원금

예제

(1) 원금 1000만 원을 연이율 3%의 복리로 5년 동안 정기예금하였을 때의 원리합계를 구하시오.
(2) 원금 1000만 원을 복리로 5년 동안 정기예금하여 받는 원리합계가 1500만 원이 되기 위한 최소 연이율을 구하시오.
(3) 원금 1000만 원을 연이율 3%의 복리로 정기예금하여 받는 원리합계가 1500만 원이 되기 위한 최소 가입 기간을 구하시오.
(4) 연이율 3%의 복리로 5년 동안 정기예금하여 받는 원리합계가 1500만 원이 되는 데 필요한 최소의 원금을 구하시오.

(1)의 문제를 해결하기 위해 계산식('=1000*(1+3/100)^5')을 한 번에 입력해도 된다. 하지만 (2)~(4)까지의 문제 해결과 연결하기 위해 다음의 절차에 따라 실행하자.

1) A1에 '1000'을 입력한다.
2) B1에 '3'을 입력한다.
3) C1에 '5'를 입력한다.
4) D1에 '=A1*(1+B1/100)^C1'을 원리합계를 구하자.

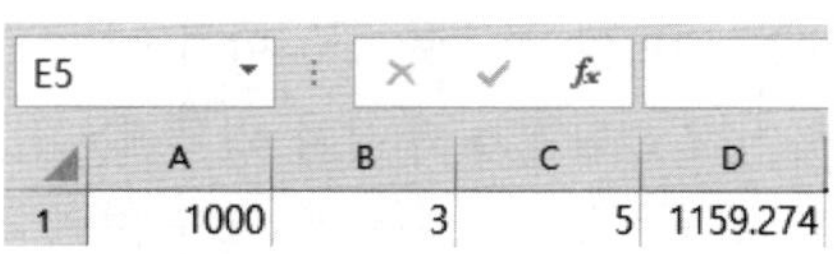

따라서 원금 1000만 원을 연이율 3%의 복리로 5년 동안 정기예금하였을 때의 원리합계는 11,592,740원이다.

(2) (1)의 문제 상황에서 D1의 값이 1500이 되기 위한 B1의 값을 찾으면 된다. 이것은 목표값 찾기 기능을 이용하면 1500이 되기 위한 B1의 정확한 값은 아니더라도 근삿값을 구할 수 있다. EXCEL에서 다음의 절차에 따라 실행하자.

1) A1에 '1000'을 입력한다.
2) B1에 '3'을 입력한다.
3) C1에 '5'를 입력한다.
4) D1에 '=A1*(1+B1/100)^C1'을 원리합계를 구하자.
5) '데이터'-'가상분석'-'목표값 찾기'를 클릭한 후, 수식 셀은 'D1', 찾는 값은 '1500', 값을 바꿀 셀은 'B1'이라 입력하자. (수식 셀과 값을 바꿀 셀은 시트를 클릭해도 된다. 이때, 시트를 클릭하면 절대 참조인 '$D$1', '$B$1'의 형태로 표현된다.)

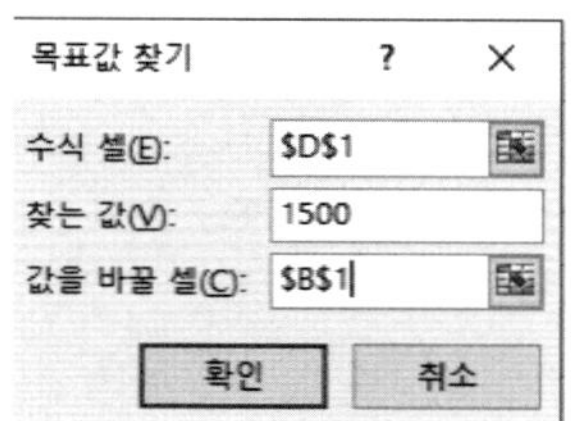

6) 확인을 누르면 원리합계가 1500이 되기 위한 연이율의 근삿값이 B1에 나타낸다.

위의 절차에 따라 실행한 결과는 다음 그림과 같다.

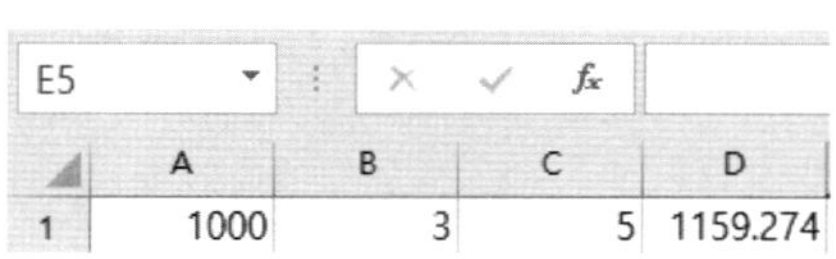

'목표값 찾기'를 실행하기 전

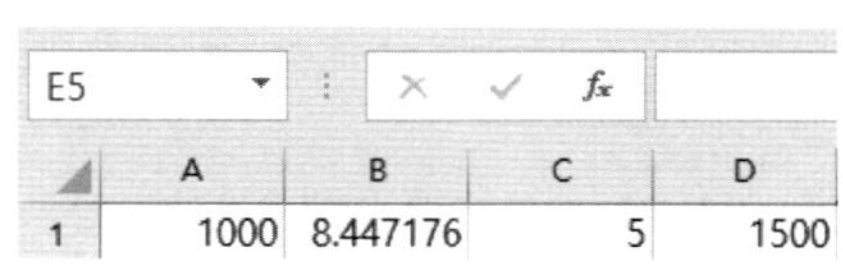

'목표값 찾기'를 실행한 후

따라서 원금 1000만 원을 복리로 5년 동안 정기예금하였을 때의 원리합계가 1500만 원 이상이 되기 위해서는 연이율이 최소 8.45%가 되어야 한다.

(3) (1)의 문제 상황에서 D1의 값이 1500이 되기 위한 C1의 값을 찾으면 된다. 이것은 목표값 찾기 기능을 이용하면 1500이 되기 위한 C1의 정확한 값은 아니더라도 근삿값을 구할 수 있다. EXCEL에서 다음의 절차에 따라 실행하자.

1) A1에 '1000'을 입력한다.
2) B1에 '3'을 입력한다.
3) C1에 '5'를 입력한다.
4) D1에 '=A1*(1+B1/100)^C1'을 원리합계를 구하자.
5) '데이터'-'가상분석'-'목표값 찾기'를 클릭한 후, 수식 셀은 'D1', 찾는 값은 '1500', 값을 바꿀 셀은 'C1'이라 입력하자. (수식 셀과 값을 바꿀 셀은 시트를 클릭해도 된다. 이때, 시트를 클릭하면 절대 참조인 '$D$1', '$C$1'의 형태로 표현된다.)

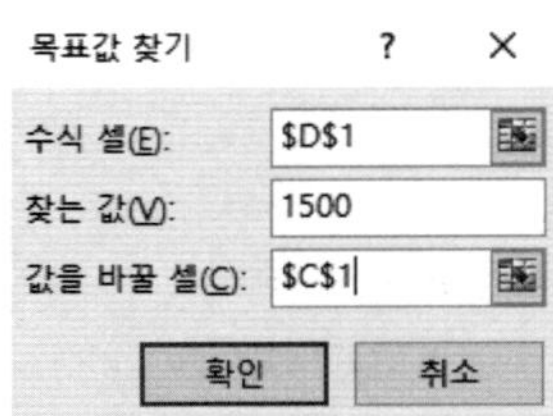

6) 확인을 누르면 원리합계가 1500이 되기 위한 가입 기간의 근삿값이 B1에 나타낸다.
위의 절차에 따라 실행한 결과는 다음 그림과 같다.

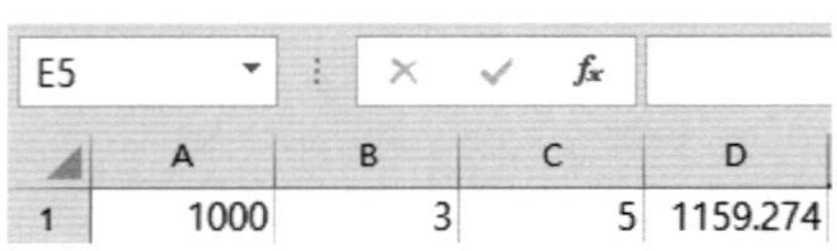

'목표값 찾기'를 실행하기 전

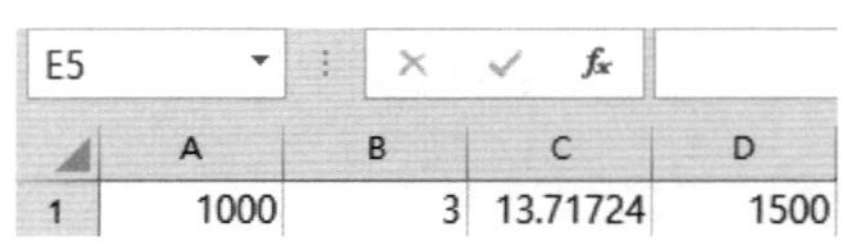

'목표값 찾기'를 실행한 후

따라서 원금 1000만 원을 연이율 3%의 복리로 정기예금하여 받는 원리합계가 1500만 원이 되기 위해서는 최소 14년 이상 가입해야 한다.

(4) (1)의 문제 상황에서 D1의 값이 1500이 되기 위한 A1의 값을 찾으면 된다. 이것은 목표값 찾기 기능을 이용하면 1500이 되기 위한 A1의 정확한 값은 아니더라도 근삿값을 구할 수 있다. EXCEL에서 다음의 절차에 따라 실행하자.

1) A1에 ‘1000’을 입력한다.
2) B1에 ‘3’을 입력한다.
3) C1에 ‘5’를 입력한다.
4) D1에 ‘=A1*(1+B1/100)^C1’을 원리합계를 구하자.
5) ‘데이터’-‘가상분석’-‘목표값 찾기’를 클릭한 후, 수식 셀은 ‘D1’, 찾는 값은 ‘1500’, 값을 바꿀 셀은 ‘A1’이라 입력하자. (수식 셀과 값을 바꿀 셀은 시트를 클릭해도 된다. 이때, 시트를 클릭하면 절대 참조인 ‘$D$1’, ‘$A$1’의 형태로 표현된다.)

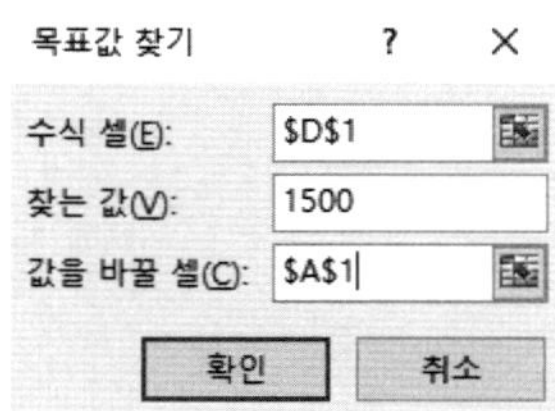

6) 확인을 누르면 원리합계가 1500이 되기 위한 원금의 근삿값이 A1에 나타낸다.

위의 절차에 따라 실행한 결과는 다음 그림과 같다.

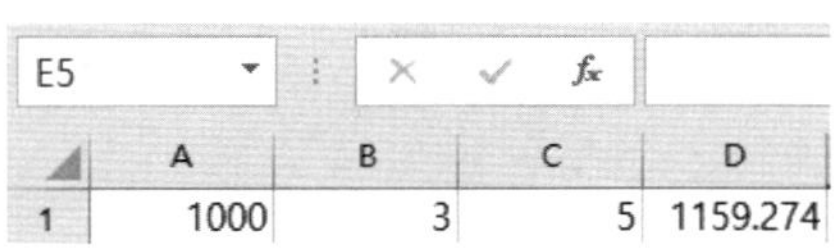

‘목표값 찾기’를 실행하기 전

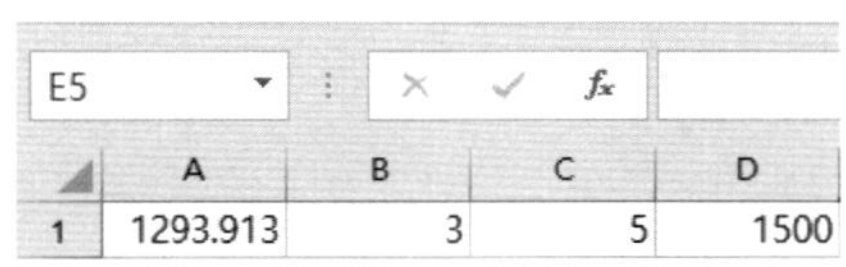

‘목표값 찾기’를 실행한 후

따라서 연이율 3%의 복리로 5년 동안 정기예금하여 받는 원리합계가 1500만 원이 되는데 필요한 최소의 원금은 1294만 원이다.

제3장 방정식과 부등식

매점에서는 A 과자를 1개 당 1500원에 판매하고 있다. 민수가 매점에서 A 과자를 4개 산다면 얼마를 지불해야 할까? 그렇다면 같은 매점에서 찬이가 A 과자를 여러 개 사고 9000원을 지불하였다. 찬이는 A 과자를 몇 개 샀을까?

위의 두 상황을 수학적으로 표현하면 다음과 같다.

민수의 상황을 가격을 기준으로 등식으로 나타내면 $1500 \times 4 = \square$이고, 찬이의 상황을 가격을 기준으로 등식으로 나타내면 $1500 \times \Delta = 9000$이다. 이때 $\square$의 값이 3000, 8000이 되면 등식 $1500 \times 4 = \square$은 거짓이다. 반면 $\square$의 값이 6000이면 등식 $1500 \times 4 = \square$은 참이다. 또한 Δ의 값이 2, 8이 되면 등식 $1500 \times \Delta = 9000$은 거짓이지만, Δ의 값이 6이면 등식 $1500 \times \Delta = 9000$은 참이다.

이 장에서는 미지수가 포함된 등식이 참이 되도록 하는 미지수의 값을 구하는 방법에 관해 공부한다.

3.1 일차방정식

방정식은 미지수가 포함된 등식이다. 미지수는 아직 모르는 수라는 의미가 있으며 경우에 따라 알아야 할 필요가 있는 수이다. 자연 현상이나 사회 현상을 분석하는 과정에서 주어진 상황을 수학적으로 표현하였을 때 관찰이나 측정을 통해 알 수 있는 수도 있지만, 모르는 수가 있을 수 있다. 이 경우 이미 알고 있는 관계를 사용하여 등식으로 표현하여 모르는 수를 찾을 필요가 있다. 이처럼 방정식에서 등식을 만족시키는 미지수의 값을 그 방정식의 '해(또는 근)'이라 하고, 방정식의 해를 구하는 것을 '방정식을 푼다'고 한다.

이 절에서는 가장 간단한 방정식인 일차방정식을 푸는 방법을 알아보자.

학습목표

- 일차방정식을 풀 수 있다.

방정식의 해를 구한다는 것을 등식을 만족시키는 미지수의 값을 구하는 것을 의미한다. 따라서 등식이 만족시키는 성질을 알고 이를 적용할 필요가 있다.

방정식을 해결하기 위해 사용되는 등식의 성질은 다음과 같다.

❙ 정리 3.1.1 등식의 성질

등식 $A=B$이면 다음이 성립한다.

1) $B=A$
즉, 등식의 양변을 바꾸어도 등식은 성립한다.

2) $A+C=B+C$
즉, 등식의 양변에 같은 수를 더하여도 등식은 성립한다.

3) $A-C=B-C$
즉, 등식의 양변에 같은 수를 빼도 등식은 성립한다.

4) $A\times C=B\times C$
즉, 등식의 양변에 같은 수를 곱하여도 등식은 성립한다.

5) $A\div C=B\div C$ (단, $C\neq 0$)
즉, 등식의 양변에 0이 아닌 같은 수로 나누어도 등식은 성립한다.

등식의 성질을 이용하여 방정식을 $ax+b=0$ $(a \neq 0)$의 형태로 나타낼 수 있는 방정식을 'x에 대한 **일차방정식**'이라 한다. 이 방정식을 만족시키는 x의 값을 '일차방정식의 해(또는 근)'이라 하며, 일차방정식의 해를 구하는 것을 '**일차방정식을 푼다**'고 한다.

정의 3.1.2 일차방정식과 그 해

> 방정식을 $ax+b=0$ $(a \neq 0)$의 형태로 나타낼 수 있을 때, 그 방정식을 x에 대한 **일차방정식**이라 한다. 이 방정식을 만족시키는 x의 값을 **해**(또는 **근**)이라 하며, 일차방정식의 해를 구하는 것을 '**일차방정식을 푼다**'고 한다.

일차방정식 $ax+b=0$은 등식의 성질을 사용하여 다음과 같은 절차로 해를 구할 수 있다.

$$ax+b=0$$
$$ax+b+(-b)=0+(-b)$$
$$ax=-b$$
$$\frac{1}{a}\times(ax)=\frac{1}{a}\times(-b)$$
$$x=-\frac{b}{a}$$

예제 1

다음 일차방정식을 푸시오.

(1) $3x+4=5x+8$　　(2) $0.5(x+3)+0.7=0.6x+1.5$

풀이

(1) $3x+4=5x+8$
$3x+4+(-5x)=5x+8+(-5x)$
$-2x+4=8$
$-2x+4+(-4)=8+(-4)$
$-2x=4$
$x=-2$

(2) $5(x+3)+7=6x+15$
$5x+22=6x+15$
$5x-6x=15-22$
$-x=-7$
$x=7$

■

문제 1

다음 일차방정식을 푸시오.

(1) $12x+5=8x+23$

(2) $0.3(x+2)+0.4=0.5(x+0.8)+0.1$

(3) $-\frac{1}{3}(x+4)+\frac{3}{4}(3x+2)=4$

풀이

예제 2

주 제	일차방정식의 활용
문 제	다은이는 집에서 헬스장을 가는 데 시속 4 km의 일정한 속력으로 걸어갔다. 이후 오는 데 시속 3 km의 일정한 속력으로 걸어갔다. 집에서 헬스장 사이를 왕복하는 데 걸린 시간이 2시간 30분이었다. 집과 헬스장 사이의 거리를 x km라고 할 때, 다음 절차에 따라 x의 값을 구하시오.

❶ 집에서 헬스장에 가는 데 걸린 시간을 구하시오.

집에서 헬스장 사이의 거리가 x km이고, 시속 4 km의 일정한 속력으로 걸어가므로 걸린 시간은 $\frac{x}{4}$(시간)이다.

❷ 헬스장에서 집으로 오는 데 걸린 시간을 구하시오.

집에서 헬스장 사이의 거리가 x km이고, 시속 3 km의 일정한 속력으로 걸어가므로 걸린 시간은 $\frac{x}{3}$(시간)이다.

❸ ❶과 ❷를 이용하여 시간을 기준으로 등식을 세우시오.

$\frac{x}{4}+\frac{x}{3}=\frac{7}{2}$

❹ ❸의 방정식을 푸시오.

$\frac{x}{4}+\frac{x}{3}=\frac{7}{2}$이므로 등식의 양변에 12를 곱하면 $3x+4x=42$

$7x=42$이므로 $x=6$

❺ ❹의 결과를 실생활의 맥락에서 해석하시오.

집과 헬스장 사이의 거리는 6 km이다.

문제 2

주 제	일차방정식의 활용
문 제	x % 의 소금물 300 g과 10 % 의 소금물 200 g을 섞었더니 7 % 의 소금물이 되었다. 다음 절차에 따라 x의 값을 구하시오.

❶ x % 의 소금물 300 g에 들어있는 소금의 양을 구하시오.

❷ 10 % 의 소금물 200 g에 들어있는 소금의 양을 구하시오.

❸ 7 % 의 소금물에 들어있는 소금의 양을 서로 다른 두 가지 방법으로 구하시오.

❹ ❸을 이용하여 등식의 세우시오.

❺ ❹의 방정식을 푸시오.

❻ ❺의 결과를 실생활의 맥락에서 해석하시오.

활동 1

주 제	일차방정식의 활용
문 제	전압이 220 V이고 전류가 22 A이며, 저항을 x Ω일 때, x의 값은 일차방정식을 풀이함으로써 구할 수 있다. 이처럼 사회 과학이나 자연 과학에서 일차방정식과 관련된 여러 관계를 찾아볼 수 있다. 다음 물음에 답하시오.

❶ 사회 과학, 자연 과학 또는 실생활에서 일차방정식과 관련되어 있는 관계를 찾아보시오.

❷ ❶의 관계를 이용하여 일차방정식과 관련된 실생활 문제를 하나 만드시오.

❸ ❷의 문제를 일차방정식으로 나타내시오.

❹ ❸의 일차방정식을 푸시오.

❺ ❹의 결과를 실생활의 맥락에서 해석하시오.

3.2 연립일차방정식

2개 이상의 미지수를 포함하고 있는 2개 이상의 방정식의 쌍을 **연립방정식**이라고 하고, 모든 방정식을 만족시키는 미지수의 값들의 쌍을 연립방정식의 **해(또는 근)**라 한다. 또한 주어진 연립방정식의 해를 구하는 것을 '**연립방정식을 푼다**'고 한다.

이때 2개 이상의 방정식이 모두 일차방정식일 때, 이 연립방정식을 '**연립일차방정식**'이라고 하고, 이 연립일차방정식의 해를 구하는 것을 '**연립일차방정식을 푼다**'고 한다.

| 정의 3.2.1

> 2개 이상의 미지수를 포함하고 있는 2개 이상의 일차방정식의 쌍을 **연립일차방정식**이라 한다. 이 연립일차방정식을 만족시키는 미지수들의 값의 쌍을 **해(또는 근)**이라 하며, 연립일차방정식의 해를 구하는 것을 '**연립일차방정식을 푼다**'고 한다.

$\begin{cases} 2x+3y=3 \\ 4x+7y=7 \end{cases}$, $\begin{cases} 3x+2y+z=6 \\ 2x-y-z=0 \\ 5x+3x-2z=6 \end{cases}$ 은 각각 미지수가 x, y인 두 일차방정식과 미지수가 x, y, z인 세 일차방정식이 쌍을 이루고 있다.

따라서 $\begin{cases} 2x+3y=3 \\ 4x+7y=7 \end{cases}$, $\begin{cases} 3x+2y+z=6 \\ 2x-y-z=0 \\ 5x+3x-2z=6 \end{cases}$ 는 연립일차방정식이다.

이 절에서는 가장 기본적인 연립일차방정식의 형태인 $\begin{cases} ax+by=e \\ cx+dy=f \end{cases}$을 풀이하는 방법에 대해 알아보자.

학습목표

- 연립일차방정식 $\begin{cases} ax+by=e \\ cx+dy=f \end{cases}$를 풀 수 있다.

연립일차방정식 $\begin{cases} ax+by=e \\ cx+dy=f \end{cases}$의 해를 구하는 대표적인 방법으로 가감법, 대입법, 등치법이 있다.

(1) 가감법

연립방정식에서 한 방정식에 다른 방정식의 k배를 더하거나 빼서 구하는 방법이다. 이때, 방정식에 포함된 미지수의 개수가 줄어드는 방향으로 한 방정식에 다른 방정식의 k배를 더하거나 뺀다.

예제 1

연립방정식 $\begin{cases} 2x+3y=8 \\ 4x-y=2 \end{cases}$를 푸시오.

풀이 $\begin{cases} 2x+3y=8 & \cdots\cdots ① \\ 4x-y=2 & \cdots\cdots ② \end{cases}$

② $-2\times$ ①을 계산하면

$(4x-y)-2\times(2x+3y)=2-2\times 8$

$-7y=-14$

$y=2$

이 값을 ①에 대입하면 $x=1$이다.

따라서 주어진 연립방정식의 해는 $x=1$, $y=2$이다.

다른 풀이 $\begin{cases} 2x+3y=8 & \cdots\cdots ① \\ 4x-y=2 & \cdots\cdots ② \end{cases}$

① $+3\times$ ②를 계산하면

$(2x+3y)+3\times(4x-y)=8+3\times 2$

$14x=14$

$x=2$

이 값을 ①에 대입하면 $y=2$이다.

따라서 주어진 연립방정식의 해는 $x=1$, $y=2$이다. ■

문제 1

다음 연립일차방정식을 가감법을 이용하여 푸시오.

(1) $\begin{cases} 3x+4y=13 \\ 4x-3y=9 \end{cases}$

(2) $\begin{cases} 3x+2y=10 \\ \dfrac{1}{3}x+\dfrac{1}{2}y=\dfrac{5}{4} \end{cases}$

(3) $\begin{cases} 0.5x+0.4(y+2)=7 \\ \dfrac{x}{3}+\dfrac{y}{4}=4 \end{cases}$

풀이

(2) 대입법

연립방정식 중 한 방정식을 한 미지수에 관해서 풀고, 이를 다른 방정식에 대입하여 풀이하는 방법이다. 이를 통해 미지수의 개수를 줄일 수 있다.

예제 2

연립방정식 $\begin{cases} 2x+3y=8 \\ 4x-y=2 \end{cases}$를 푸시오.

풀이 $\begin{cases} 2x+3y=8 & \cdots\cdots ① \\ 4x-y=2 & \cdots\cdots ② \end{cases}$

①을 x에 관해 풀면 $x=-\dfrac{3}{2}y+4$ ⋯⋯ ③

③을 ②에 대입하면

$$4\times\left(-\frac{3}{2}y+4\right)-y=2,\quad -6y+16-y=2$$

$y=2$

이 값을 ③에 대입하면 $x=1$이다.

따라서 주어진 연립방정식의 해는 $x=1$, $y=2$이다.

다른 풀이 $\begin{cases} 2x+3y=8 & \cdots\cdots ① \\ 4x-y=2 & \cdots\cdots ② \end{cases}$

①을 y에 관해 풀면 $y=-\dfrac{2}{3}x+\dfrac{8}{3}$ ⋯⋯ ③

③을 ②에 대입하면

$$4x-\left(-\frac{2}{3}x+\frac{8}{3}\right)=2,\quad 4x+\frac{2}{3}x-\frac{8}{3}=2$$

$x=1$

이 값을 ③에 대입하면 $y=2$이다.

따라서 주어진 연립방정식의 해는 $x=1$, $y=2$이다. ■

문제 2

다음 연립일차방정식을 대입법을 이용하여 푸시오.

(1) $\begin{cases} 3x+4y=13 \\ 4x-3y=9 \end{cases}$

(2) $\begin{cases} 3x+2y=10 \\ \dfrac{1}{3}x+\dfrac{1}{2}y=\dfrac{5}{4} \end{cases}$

(3) $\begin{cases} 0.5x+0.4(y+2)=7 \\ \dfrac{x}{3}+\dfrac{y}{4}=4 \end{cases}$

풀이

(3) 등치법

연립방정식을 $f(x, y)=g(x)$, $f(x, y)=h(x)$와 같이 표현할 수 있으면, $f(x)=g(x)$로 놓고 푼다.

예제 3

다음 연립방정식을 푸시오.

(1) $\begin{cases} 2x+3y=x+4 \\ 2x+3y=2x+7 \end{cases}$ (2) $\begin{cases} 2x+3y=3x+1 \\ 5x+3y=4 \end{cases}$

풀이

(1) $\begin{cases} 2x+3y=x+4 & \cdots\cdots ① \\ 2x+3y=2x+7 & \cdots\cdots ② \end{cases}$

두 방정식 ①과 ②의 좌변이 $2x+3y$로 같으므로 우변이 서로 같다.

$x+4=2x+7$, $x=-3$

이 값을 ①에 대입하면

$2\times(-3)+3y=(-3)+4$, $y=\frac{7}{3}$

따라서 주어진 연립방정식의 해는 $x=-3$, $y=\frac{7}{3}$이다.

(2) $\begin{cases} 2x+3y=3x+1 & \cdots\cdots ① \\ 5x+3y=4 & \cdots\cdots ② \end{cases}$

방정식 ②를 변형하면 $2x+3y=-3x+4$ …… ③으로 나타낼 수 있다.

두 방정식 ①과 ③의 좌변이 $2x+3y$로 같으므로 우변이 서로 같다.

$3x+1=-3x+4$, $x=\frac{1}{2}$

이 값을 ②에 대입하면

$5\times\frac{1}{2}+3y=4$, $y=\frac{1}{2}$

따라서 주어진 연립방정식의 해는 $x=y=\frac{1}{2}$이다. ■

문제 3

다음 연립일차방정식을 등치법을 이용하여 푸시오.

(1) $\begin{cases} 7x+3y=14 \\ 3x-3y=-4 \end{cases}$

(2) $\begin{cases} 3x+2y=10 \\ \dfrac{1}{2}x+\dfrac{1}{3}y=\dfrac{x}{3}+\dfrac{5}{4} \end{cases}$

(3) $\begin{cases} 0.5x+0.4(y+2)=7 \\ \dfrac{x}{2}+\dfrac{y}{2}=4 \end{cases}$

풀이

예제 4

주 제	연립일차방정식의 활용
문 제	중국의 구장산술(九章算術)은 9개의 장으로 이루어진 수학책으로, 제8장의 제목은 '방정(方程)'이다. 제8장에는 토지 측량, 조세, 부역 등과 관련된 실생활 문제가 제시되어 있으며, 이는 현대의 방정식 문제로 바꾸어 풀 수 있다. 다음 문제는 구장산술의 제8장 '방정'에서 제시한 문제이다. 소 5마리와 양 2마리의 값은 금 10냥이고, 소 2마리와 양 5마리의 값은 금 8냥이다. 소와 양 1마리의 값은 각각 얼마인가? 소 1마리의 가격을 금 x냥, 양 1마리의 가격을 금 y냥이라고 할 때, 다음을 구하시오.

❶ "소 5마리와 양 2마리의 값은 금 10냥이다"의 문장을 등식으로 나타내시오.

$5x+2y=10$

❷ "소 2마리와 양 5마리의 값은 금 8냥이다"의 문장을 등식으로 나타내시오.

$2x+5y=8$

❸ ❶과 ❷를 이용하여 연립방정식을 만드시오.

두 방정식 ❶과 ❷를 연립하여 나타내면

$$\begin{cases} 5x+2y=10 \\ 2x+5y=8 \end{cases}$$

이다.

❹ ❸의 연립방정식을 푸시오.

$$\begin{cases} 5x+2y=10 & \cdots\cdots ① \\ 2x+5y=8 & \cdots\cdots ② \end{cases}$$

2 × ①과 5 × ②를 연립방정식으로 나타내면

$$\begin{cases} 10x+4y=20 & \cdots\cdots ③ \\ 10x+25y=40 & \cdots\cdots ④ \end{cases}$$

④ − ③을 계산하면

$$21y=20$$

$$y=\frac{20}{21}$$

이 값을 방정식 ①에 대입하면

$$5x+2\times\frac{20}{21}=10$$

$$x=\frac{34}{21}$$

따라서 연립방정식의 해는 $x=\frac{34}{21}$, $y=\frac{20}{21}$이다.

❺ ❹의 결과를 실생활의 맥락에서 해석하시오.

소 1마리의 가격은 금 $\frac{34}{21}$냥이고, 양 1마리의 가격은 금 $\frac{20}{21}$냥이다.

문제 4

주 제	연립일차방정식의 활용
문 제	어느 회사에서는 두 애니메이션 A, B의 장난감을 생산하고 있다. 지난달 A의 장난감과 B의 장난감을 합하여 1300만 개를 생산하였다. 이번 달에는 지난달의 판매량을 반영하여 지난달에 비해 A의 장난감은 10%를 덜 만들고, B의 20%를 더 만들었다. 그 결과 이번 달 생산한 장난감 수은 저번달 생산한 장난감 수에 비해 140만 개 더 생산하였다. 지난달에 생산한 애니메이션 A의 장난감 수를 x만 개, B의 장난감 수를 y만 개라 할 때, 다음을 구하시오.

❶ 지난달 생산한 장난감의 총 개수를 이용하여 등식을 세우시오.

❷ 이번 달 생산한 장난감의 총 개수를 이용하여 등식을 세우시오.

❸ ❶과 ❷를 이용하여 연립방정식을 만드시오.

❹ ❸의 연립방정식을 푸시오.

❺ ❹의 결과를 실생활의 맥락에서 해석하시오.

활동 4

주 제	연립일차방정식의 활용
문 제	〈예제 4〉의 문제에서 볼 수 있듯이, 연립일차방정식은 실생활의 문제를 수학적으로 표현하고 수학 문제의 해결을 통해 실생활 문제를 해결하는 데 도움을 줄 수 있다. 이처럼 사회 과학이나 자연 과학에서 연립일차방정식과 관련된 여러 관계를 찾아보시오.

❶ 사회 과학, 자연 과학 또는 실생활에서 연립일차방정식과 관련되어 있는 관계를 찾아보시오.

❷ ❶의 관계를 이용하여 연립일차방정식과 관련된 실생활 문제를 하나 만드시오.

❸ ❷의 문제를 연립일차방정식으로 나타내시오.

❹ ❸의 연립일차방정식을 푸시오.

❺ ❹의 결과를 실생활의 맥락에서 해석하시오.

3.3 이차방정식

미지수에 대한 차수가 1인 방정식을 일차방정식이라 하였다. 하지만 모든 사회 현상과 자연 현상에서 여러 변수 사이의 관계가 항상 1차인 것은 아니다. 예를 들어 초기 속도가 0이고 가속도가 a로 일정한 물체의 t초 후의 위치 x는 $x = \frac{a}{2}t^2$이다. 이처럼 어떤 사회 현상이나 자연 현상에서 어떤 변수 사이의 관계는 미지수에 대한 차수가 2이다.

방정식 중 미지수에 대한 차수가 2인 것 즉, 등식의 성질을 이용하여 $ax^2 + bx + c = 0$ $(a \neq 0)$의 형태로 나타낼 수 있는 것을 **이차방정식**이라 한다. 또한 이차방정식을 만족시키는 미지수의 값을 이차방정식의 **해**(**또는 근**)이라 하고, 이차방정식의 해를 구하는 것을 '**이차방정식을 푼다**'고 한다.

정의 3.3.1

> 미지수에 대한 차수가 2인 방정식 즉, 등식의 성질을 이용하여 $ax^2 + bx + c = 0$ $(a \neq 0)$의 형태로 나타낼 수 있는 방정식을 **이차방정식**이라 한다. 이 이차방정식을 만족시키는 미지수들의 값의 쌍을 **해**(**또는 근**)이라 하며, 이차방정식의 해를 구하는 것을 '**이차방정식을 푼다**'고 한다.

예를 들어 $3x(x+1) + 2x + 1 = 0$을 간단히 나타내면 $3x^2 + 5x + 1 = 0$이 되어 이차방정식이다. 반면 $3x(x+1) = 3(x+1)(x+2)$를 전개하면 $3x^2 + 3x = 3x^2 + 9x + 6$이 되어 이를 간단히 나타내면 $6x + 6 = 0$이다. 따라서 $3x(x+1) = 3(x+1)(x+2)$는 이차방정식이 아니다.

이 절에서는 이차방정식을 푸는 방법을 알아보자.

학습목표

- 이차방정식을 풀 수 있다.

---

1) 인수분해를 이용한 이차방정식의 풀이

다음은 실수의 곱셈과 관련된 성질이다.

> ① (양수)×(양수)=(양수)
> ② (양수)×(음수)=(음수)
> ③ (음수)×(음수)=(양수)
> ④ $0\times$(양수)$=0$
> ⑤ $0\times$(음수)$=0$
> ⑥ $0\times 0=0$

위의 성질로부터 알 수 있는 사실 중 하나는 다음과 같다.

> $ab=0$는 a와 b 중 하나가 0일 때만 성립한다.

이를 수학적으로 표현하면 다음과 같다.

▌정리 3.3.2

> $ab=0$일 필요충분조건은 $a=0$ 또는 $b=0$이다.

만약 이차방정식 $ax^2+bx+c=0$을 두 일차식 A, B를 이용하여 $AB=0$ 꼴로 변형시킬 수 있다면, 정리 3.3.2를 통해 $A=0$ 또는 $B=0$이 된다. 즉, 이차방정식 $ax^2+bx+c=0$의 해는 두 일차방정식 $A=0$과 $B=0$을 풀이함으로써 구할 수 있다.

이차식을 일차식의 곱으로 나타낼 수 있는 방법을 알아보자. 이를 위해 두 일차식의 곱에 대해 먼저 살펴볼 것이다. 여러 다항식의 곱을 하나의 다항식으로 표현하는 것을 '**전개한다**'고 하며, 여러 다항식의 곱을 하나의 다항식으로 전개하는 공식을 **곱셈공식**이라 한다. 반면 하나의 다항식을 여러 다항식의 곱으로 나타내는 것을 '**인수분해한다**'고 하며, 하나의 다항식을 여러 다항식의 곱으로 나타내는 공식을 **인수분해 공식**이라 한다.

| 정의 3.3.3

여러 다항식의 곱을 하나의 다항식으로 표현한 것을 **전개**라 하고, 하나의 다항식을 여러 다항식의 곱으로 나타낸 것을 **인수분해**라 한다.

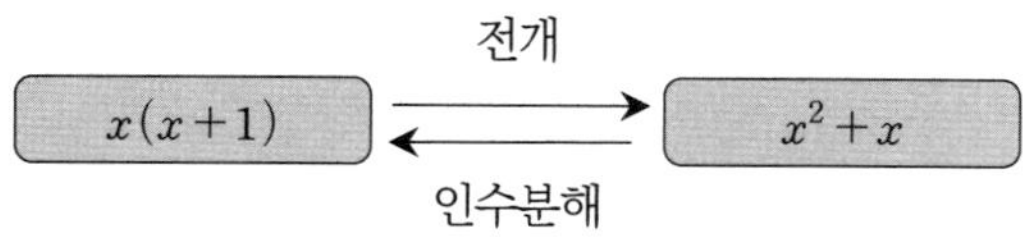

이차방정식의 풀이와 관련된 곱셈공식은 다음과 같다.

| 정리 3.3.4 곱셈공식

① $m(a+b)=ma+mb$

② $(a+b)^2=a^2+2ab+b^2$, $(a-b)^2=a^2-2ab+b^2$

③ $(a+b)(a-b)=a^2-b^2$

④ $(x+a)(x+b)=x^2+(a+b)x+ab$

⑤ $(ax+b)(cx+d)=acx^2+(ad+bc)x+bd$

정리 3.3.4의 곱셈공식은 좌변에 있는 2개의 다항식의 곱을 전개하여 우변과 같이 하나의 다항식으로 표현된다. 인수분해 공식은 하나의 다항식을 2개 이상의 다항식의 곱으로 표현하는 것이므로 곱셈공식의 우변을 좌변으로 바꾸면 된다. 인수분해 공식은 다음과 같다.

| 정리 3.3.5 인수분해 공식

① $ma+mb=m(a+b)$

② $a^2+2ab+b^2=(a+b)^2$, $a^2-2ab+b^2=(a-b)^2$

③ $a^2-b^2=(a+b)(a-b)$

④ $x^2+(a+b)x+ab=(x+a)(x+b)$

⑤ $acx^2+(ad+bc)x+bd=(ax+b)(cx+d)$

예제 1

다음 이차식을 인수분해하시오.

(1) x^2+3x+2 (2) $x^2-4x-12$

(3) $2x^2+5x+2$ (4) $6x^2-5x-6$

풀이

(1) x^2+3x+2를 인수분해하기 위해서는

인수분해 공식 ④ $x^2+(a+b)x+ab=(x+a)(x+b)$를 이용해야 한다.

④의 좌변과 x^2+3x+2를 비교하면

$$a+b=3,\ ab=2$$

이다. 따라서 합이 3이고, 곱이 2인 두 수 a, b를 찾아보자.

일반적으로 합을 기준으로 가능한 경우를 찾는 것보다 곱을 기준으로 가능한 경우를 찾는 것이 간단하다. 따라서 $ab=2$인 두 수 a, b를 나열한 후, 이 중 $a+b=3$인 경우를 찾아보자.

a	b	$a+b$
1	2	3
-1	-2	-3

그러므로 $x^2+3x+2=(x+1)(x+2)$이다.

(2) $x^2-4x-12$를 인수분해하기 위해서는

인수분해 공식 ④ $x^2+(a+b)x+ab=(x+a)(x+b)$를 이용해야 한다.

④의 좌변과 $x^2-4x-12$를 비교하면

$$a+b=-4,\ ab=-12$$

이다. 따라서 합이 -4이고, 곱이 -12인 두 수 a, b를 찾아보자.

a	b	$a+b$
1	-12	-11
2	-6	-4
3	-4	-1
4	-3	1
6	-2	4
12	-1	11

그러므로 $x^2-4x-12=(x+2)(x-6)$이다.

(3) $2x^2+5x+2$를 인수분해하기 위해서는

인수분해 공식 ⑤ $acx^2+(ad+bc)x+bd=(ax+b)(cx+d)$를 이용해야 한다.

⑤의 좌변과 $2x^2+5x+2$를 비교하면

$$ac=2,\ ad+bc=5,\ bd=2$$

이다.

a	c	b	d	$ad+bc$
1	2	1	2	4
1	2	2	1	5
2	1	−1	−2	−5
2	1	−2	−1	−4

그러므로 $2x^2+5x+2=(x+2)(2x+1)$이다.

(4) $6x^2-5x-6$을 인수분해하기 위해서는

인수분해 공식 ⑤ $acx^2+(ad+bc)x+bd=(ax+b)(cx+d)$를 이용해야 한다.

⑤의 좌변과 $6x^2-5x-6$을 비교하면

$$ac=6,\ ad+bc=-5,\ bd=-6$$

이다.

a	c	b	d	$ad+bc$
1	6	1	−6	0
1	6	2	−3	9
1	6	3	−2	16
1	6	6	−1	35
1	6	−1	6	0
1	6	−2	3	−9
1	6	−3	2	−16
1	6	−6	1	−35
2	3	1	−6	−9
2	3	2	−3	0
2	3	3	−2	5

2	3	6	-1	16
2	3	-1	6	9
2	3	-2	3	0
2	3	-3	2	-5
2	3	-6	1	-16

그러므로 $6x^2-5x+6=(2x-3)(3x+2)$이다. ■

문제 1

다음 이차식을 인수분해하시오.

(1) x^2-5x+6

(2) $3x^2+8x-3$

풀이

예제 2

다음 이차방정식을 푸시오.

(1) $x^2+3x+2=0$

(2) $x^2-4x-12=0$

(3) $2x^2+5x+2=0$

(4) $6x^2-5x-6=0$

풀이

(1) $x^2+3x+2=0$의 좌변을 인수분해하면 $(x+1)(x+2)$이다.
따라서 $(x+1)(x+2)=0$이므로 $x+1=0$ 또는 $x+2=0$이다.
즉, $x=-1$ 또는 $x=-2$이다.
그러므로 이차방정식 $x^2+3x+2=0$의 해는 $x=-1$ 또는 $x=-2$이다.

(2) $x^2-4x-12=0$의 좌변을 인수분해하면 $(x+2)(x-6)$이다.

따라서 $(x+2)(x-6)=0$이므로 $x+2=0$ 또는 $x-6=0$이다.

즉, $x=-2$ 또는 $x=6$이다.

그러므로 이차방정식 $x^2-4x-12=0$의 해는 $x=-2$ 또는 $x=6$이다.

(3) $2x^2+5x+2=0$의 좌변을 인수분해하면 $(x+2)(2x+1)$이다.

따라서 $(x+2)(2x+1)=0$이므로 $x+2=0$ 또는 $2x+1=0$이다.

즉, $x=-2$ 또는 $x=-\frac{1}{2}$이다.

그러므로 이차방정식 $2x^2+5x+2=0$의 해는 $x=-2$ 또는 $x=-\frac{1}{2}$이다.

(4) $6x^2-5x-6=0$의 좌변을 인수분해하면 $(2x-3)(3x+2)$이다.

따라서 $(2x-3)(3x+2)=0$이므로 $2x-3=0$ 또는 $3x+2=0$이다.

즉, $x=\frac{3}{2}$ 또는 $x=-\frac{2}{3}$이다.

그러므로 이차방정식 $6x^2-5x-6=0$의 해는 $x=\frac{3}{2}$ 또는 $x=-\frac{2}{3}$이다. ■

문제 2

다음 이차방정식을 푸시오.

(1) $x^2-8x-9=0$

(2) $2x^2-7x+3=0$

(3) $x^2-8x+15=0$

(4) $3x^2-8x-3=0$

풀이

2) 근의 공식을 이용한 이차방정식의 풀이

이차방정식 $x^2-2x-1=0$을 인수분해를 이용하여 풀이하려면 좌변 x^2-2x-1을 인수분해해야 한다.

인수분해 공식 ④ $x^2+(a+b)x+ab=(x+a)(x+b)$를 이용하면

$$a+b=-2,\ ab=-1$$

이다. 따라서 합이 -2이고, 곱이 -1인 두 수 a, b를 찾아보자.

a	b	$a+b$
1	-1	0
-1	1	0

위의 표를 보면 a와 b가 정수일 때, $a+b=-2,\ ab=-1$을 만족하는 경우는 존재하지 않는다. 그렇다면 과연 $a+b=-2,\ ab=-1$은 존재하지 않는 것일까? 다음의 두 수를 생각해보자.

$$a=-1+\sqrt{2},\ b=-1-\sqrt{2}$$

그러면 $a+b=-2$이고, $ab=(-1+\sqrt{2})(-1-\sqrt{2})=-1$이다. 즉, $a+b=-2,\ ab=-1$인 두 수 a, b는 존재한다. 하지만 위와 같이 표를 이용한 방법으로 이 두 수를 찾는 것은 쉽지 않다. 이러한 경우에는 다음과 같이 완전제곱식으로 변형하여 해를 구하는 것이 더 간단하다.

$$x^2-2x-1=0$$
$$x^2-2x=1$$
$$x^2-2x+1=2$$
$$(x-1)^2=2$$
$$x-1=\pm\sqrt{2}$$
$$x=1\pm\sqrt{2}$$

일반적으로 이차방정식 $ax^2+bx+c=0$을 완전제곱식으로 변형하여 풀이하는 과정은 다음과 같다.

$$
\begin{aligned}
&ax^2+bx+c=0\\
&ax^2+bx=-c\\
&x^2+\frac{b}{a}x=-\frac{c}{a}\\
&x^2+\frac{b}{a}x+\left(\frac{b}{2a}\right)^2=-\frac{c}{a}+\left(\frac{b}{2a}\right)^2\\
&\left(x+\frac{b}{2a}\right)^2=\frac{b^2-4ac}{4a^2}\\
&x+\frac{b}{2a}=\pm\frac{\sqrt{b^2-4ac}}{2a}\\
&x=\frac{-b\pm\sqrt{b^2-4ac}}{2a}
\end{aligned}
$$

이상을 정리하면 다음과 같다.

❙ 정리 3.3.6 이차방정식의 근의 공식

이차방정식 $ax^2+bx+c=0$ $(a\neq 0)$의 근은 다음과 같다.

$$x=\frac{-b\pm\sqrt{b^2-4ac}}{2a}$$

만약 b의 값이 짝수이면, 다음과 같이 나타낼 수 있다.

❙ 정리 3.3.7 이차방정식의 근의 공식 (짝수 공식)

이차방정식 $ax^2+2b'x+c=0$ $(a\neq 0)$의 근은 다음과 같다.

$$x=\frac{-b'\pm\sqrt{b'^2-ac}}{a}$$

이차방정식 $ax^2+bx+c=0$의 인수분해가 가능해도 근의 공식을 이용하면 풀 수 있지만, 인수분해를 이용하여 풀이하는 것이 더 쉽다.

예제 3

다음 이차방정식을 푸시오.

(1) $x^2+x-1=0$ (2) $x^2+4x+1=0$

(3) $2x^2-7x-1=0$ (4) $3x^2-2x-2=0$

풀이

(1) $x^2+x-1=0$에 근의 공식을 적용하자.

$a=1,\ b=1,\ c=-1$을 $x=\dfrac{-b\pm\sqrt{b^2-4ac}}{2a}$에 대입하면

$$x=\frac{-1\pm\sqrt{5}}{2}$$

(2) $x^2+4x+1=0$에 근의 공식을 적용하자.

$a=1,\ b'=2,\ c=1$을 $x=\dfrac{-b'\pm\sqrt{b'^2-ac}}{a}$에 대입하면

$$x=-2\pm\sqrt{3}$$

(3) $2x^2-7x-1=0$에 근의 공식을 적용하자.

$a=2,\ b=-7,\ c=-1$을 $x=\dfrac{-b\pm\sqrt{b^2-4ac}}{2a}$에 대입하면

$$x=\frac{7\pm\sqrt{57}}{4}$$

(4) $3x^2-2x-2=0$에 근의 공식을 적용하자.

$a=3,\ b'=-1,\ c=-2$를 $x=\dfrac{-b'\pm\sqrt{b'^2-ac}}{a}$에 대입하면

$$x=\frac{1\pm\sqrt{7}}{3}$$

■

문제 3

다음 이차방정식을 푸시오.

(1) $x^2+3x-3=0$

(2) $x^2+5x+2=0$

(3) $2x^2-8x-3=0$

(4) $3x^2-6x+1=0$

풀이

예제 4

주 제	이차방정식의 활용
문 제	자동차를 운전하는 사람이 전방에 발생한 위험을 감지하면 브레이크를 밟는다. 이때 운전자가 위험 상황을 발견한 지점부터 자동차가 실제 정지할 때까지의 거리를 정지 거리라 한다. 정지 거리는 공주 거리와 제동 거리의 합으로 표현된다. 공주 거리는 위험 상황을 발견한 운전자가 브레이크를 밟아 실제 제동이 걸리기까지 자동차가 진행한 거리이며, 제동 거리는 브레이크를 밟은 후 자동차가 멈추기까지의 거리이다. 일반적으로 다른 조건들이 일정하다고 할 때, 공주 거리는 자동차의 속력에 비례하고, 제동 거리는 자동차의 속력의 제곱에 비례한다. 다음 표는 어느 자동차의 속력에 따른 공주 거리, 제동 거리와 정지 거리를 조사한 것이다.

속력(km/h)	30	40	50	60
공주 거리(m)	8.1	10.8	13.5	16.6
제동 거리(m)	7.2	12.8	20	20.8
정지 거리(m)	15.3	23.6	33.5	37.4

❶ 자동차의 속력을 t km/h, 공주 거리를 y m라 할 때, y를 t에 대한 식으로 나타내시오.

공주 거리는 자동차의 속력에 비례하므로 적당한 상수 a가 존재하여 $y = at$이다. 주어진 표에서 $t = 30$이면 $y = 8.1$이므로 $8.1 = 30a$, $a = 0.27$이다. 따라서 $y = 0.27t$이다.

❷ 자동차의 속력을 t km/h, 제동 거리를 z m라 할 때, z를 t에 대한 식으로 나타내시오.

제동 거리는 자동차의 속력의 제곱에 비례하므로 적당한 상수 b가 존재하여 $z = bt^2$이다. 주어진 표에서 $t = 30$이면 $z = 7.2$이므로 $7.2 = 900b$, $b = 0.008$이다. 따라서 $z = 0.008t^2$이다.

❸ ❶과 ❷의 결과를 이용하여 자동차의 속력을 t km/h, 정지 거리를 x m라 할 때, x를 t에 대한 식으로 나타내시오.

자동차의 속력을 t km/h일 때, 공주 거리는 $0.27t$ m이고, 제동 거리는 $0.008t^2$ m이므로 정지 거리는 $0.27t + 0.008t^2$ m이다.

따라서 $x = 0.27t + 0.008t^2$이다.

❹ ❶, ❷와 ❸의 결과를 이용하여 자동차의 속력이 70 km/h일 때, 공주 거리, 제동 거리와 정지 거리를 각각 구하시오.

자동차의 속력을 t km/h일 때, 공주 거리는 $0.27t$ m이고, 제동 거리는 $0.008t^2$ m이므로 정지 거리는 $0.27t + 0.008t^2$ m이므로 $t = 70$이면 공주 거리는 18.9 m, 제동 거리는 39.2 m, 정지 거리는 58.1 m이다.

❺ ❹의 결과를 이용하여 정지 거리가 107 m일 때의 자동차의 속력 t km/h을 구하시오.

$x = 0.27t + 0.008t^2$의 $x = 107$을 대입하면

$107 = 0.27t + 0.008t^2$

$8t^2 + 270t - 107000 = 0$

$(t - 100)(8t + 1070) = 0$

$t = 100$ 또는 $t = -\dfrac{535}{4}$

$t > 0$이므로 $t = 100$이다.

따라서 자동차의 속력은 100 km/h이다.

문제 4

주 제	이차방정식의 활용
문 제	조선 시대 수학자 홍정하가 지은 '구일집(九一集)'에는 홍정하와 유수석이 중국에서 온 사신 하국주와 한 수학 대결에 관한 이야기가 실려 있다. 하국주는 우리나라의 수학자들의 실력을 낮게 생각하여 쉬운 문제를 내었으며, 홍정하와 유수석은 금방 답을 말하였다. 이에 하국주는 다음과 같은 문제를 제시하였다. 크고 작은 두 개의 정사각형이 있습니다. 두 정사각형의 넓이의 합은 468평방자이고, 큰 정사각형의 한 변의 길이는 작은 정사각형의 한 변의 길이보다 6자만큼 깁니다. 두 정사각형의 한 변의 길이는 각각 얼마입니까? * 평방: 제곱 * 자: 길이의 단위 * 평방자: 자^2

❶ 큰 정사각형의 한 변의 길이를 x자라고 할 때, 작은 정사각형의 한 변의 길이를 구하시오.

❷ 큰 정사각형과 작은 정사각형의 넓이를 각각 구하시오.(단위: 평방자)

❸ ❷를 이용하여 "두 정사각형의 넓이의 합은 468평방자이고"를 등식으로 나타내시오.

❹ ❸의 이차방정식을 풀고, 그 결과를 문제의 맥락에서 해석하시오.

활동 4

주 제	이차방정식의 활용
문 제	<예제 4>의 문제에서 볼 수 있듯이, 이차방정식은 실생활의 문제를 수학적으로 표현하고 수학 문제의 해결을 통해 실생활 문제를 해결하는 데 도움을 줄 수 있다. 이처럼 사회 과학이나 자연 과학에서 이차방정식과 관련된 여러 관계를 찾아보시오.

❶ 사회 과학, 자연 과학 또는 실생활에서 이차방정식과 관련되어 있는 관계를 찾아보시오.

❷ ❶의 관계를 이용하여 이차방정식과 관련된 실생활 문제를 하나 만드시오.

❸ ❷의 문제를 이차방정식으로 나타내시오.

❹ ❸의 이차방정식을 푸시오.

❺ ❹의 결과를 실생활의 맥락에서 해석하시오.

3.4 일차부등식

부등식은 미지수가 포함된 식에 부등호가 포함된 것이다. 일반적으로 부등호를 나타내는 기호로는 $>$, $<$, $\geq$, $\leq$가 있다. 부등식을 만족시키는 미지수의 값의 범위를 그 부등식의 '해(또는 근)'이라 하고, 부등식의 해를 구하는 것을 '부등식을 푼다'고 한다.

이 절에서는 가장 간단한 부등식인 일차부등식을 푸는 방법을 알아보자.

학습목표

- 일차부등식을 풀 수 있다.

부등식의 해를 구한다는 것을 부등식을 만족시키는 미지수의 값을 구하는 것을 의미한다. 따라서 부등식이 만족시키는 성질을 알고 이를 적용할 필요가 있다.

부등식을 해결하기 위해 사용되는 부등식의 성질은 다음과 같다.

정리 3.4.1 부등식의 성질

부등식 $A > B$이면 다음이 성립한다. ($<$, $\geq$, $\leq$에서도 성립한다.)

1) $B < A$
2) $A + C > B + C$
   즉, 부등식의 양변에 같은 수를 더하여도 부등호의 방향은 변하지 않는다.
3) $A - C > B - C$
   즉, 부등식의 양변에 같은 수를 빼도 부등호의 방향은 변하지 않는다.
4) $C > 0$이면 $A \times C > B \times C$, $A \div C > B \div C$
   즉, 부등식의 양변에 같은 양수를 곱하여도 부등호의 방향은 변하지 않는다.
5) $C < 0$이면 $A \times C < B \times C$, $A \div C < B \div C$
   즉, 부등식의 양변에 같은 음수를 곱하면 부등호의 방향은 변한다.

부등식의 성질을 이용하여 $ax+b>0$, $ax+b\geq 0$, $ax+b<0$ 또는 $ax+b\leq 0$ $(a\neq 0)$의 형태로 나타낼 수 있는 부등식을 'x에 대한 **일차부등식**'이라 한다. 이 부등식을 만족시키는 x의 값의 범위를 '일차부등식의 해(또는 근)'이라 하며, 일차부등식의 해를 구하는 것을 '**일차부등식을 푼다**'고 한다.

| 정의 3.4.2 일차부등식과 그 해

> 부등식을 $ax+b>0$, $ax+b\geq 0$, $ax+b<0$ 또는 $ax+b\leq 0$ $(a\neq 0)$의 형태로 나타낼 수 있을 때, 그 부등식을 x에 대한 **일차방정식**이라 한다. 이 부등식을 만족시키는 x의 값의 범위를 해(또는 근)이라 하며, 일차부등식의 해를 구하는 것을 '**일차부등식을 푼다**'고 한다.

일차부등식 $3x+6>0$은 부등식의 성질을 사용하여 다음과 같은 절차로 해를 구할 수 있다.

$$3x+6>0$$
$$3x+6+(-6)>0+(-6)$$
$$3x>-6$$
$$\frac{1}{3}\times(3x)>\frac{1}{3}\times(-6)$$
$$x>-2$$

일차부등식 $-3x+4\geq 0$은 부등식의 성질을 사용하여 다음과 같은 절차로 해를 구할 수 있다.

$$-3x+4\geq 0$$
$$-3x+4+(-4)\geq 0+(-4)$$
$$-3x\geq -4$$
$$\left(-\frac{1}{3}\right)\times(-3x)\geq\left(-\frac{1}{3}\right)\times(-4)$$
$$x\leq\frac{4}{3}$$

예제 1

다음 일차부등식을 푸시오.

(1) $3x-4<-5x+12$

(2) $0.5(x+3)+0.7 \geq 0.6x+1.5$

풀이

(1) $3x-4<-5x+12$

$3x-4+5x<-5x+12+5x$

$8x-4<12$

$8x-4+4<12+4$

$8x<16$

$x<2$

(2) $5(x+3)+7 \geq 6x+15$

$5x+22 \geq 6x+15$

$5x-6x \geq 15-22$

$-x \geq -7$

$x \leq 7$

■

문제 1

다음 일차부등식을 푸시오.

(1) $12x+5 \geq 8x+23$

(2) $0.3(x+2)+0.4<0.5(x+0.8)+0.1$

(3) $-\frac{1}{3}(x+4)+\frac{3}{4}(3x+2) \leq 4$

풀이

예제 2

주 제	일차부등식의 활용
문 제	A놀이공원의 이용권의 금액은 다음과 같다. (아래 표 참조) 은하는 어른의 티켓을 구매해야 하며, 하루 이용권은 제휴 카드를 이용하여 30% 할인된 가격으로 구입할 수 있다. 다음 물음에 답하시오.

	어른	청소년
연간 이용권	250,000	180,000
하루 이용권	62,000	54,000

❶ 은하가 30% 할인된 가격으로 하루 이용권을 구매하는 금액을 구하시오.

$62000 \times 0.7 = 43400$원

❷ 은하가 1년에 A놀이공원을 방문한 횟수가 n회라 하자. 놀이공원에 방문할 때마다, 30% 할인된 가격으로 하루 이용권을 구매하였을 때 총 지불 금액을 구하시오.

30% 할인된 가격으로 1번 방문하는 데 소요되는 금액은 43400원이다. 따라서 n번 방문하였을 때 총 지불 금액은 $43400n$원이다.

❸ ❷를 이용하여 연간 회원권을 구매하는 것이 더 유리한 지를 알아보기 위한 부등식을 만드시오.

$43400n > 250000$

❹ ❸의 부등식을 풀고, 그 결과를 실생활의 맥락에서 해석하시오.

$43400n > 250000$을 풀면 $n > \dfrac{12500}{217} \approx 5.76$이다.

따라서 1년에 6번 이상 방문한다면 연간 회원권을 구매하는 것이 더 유리하다.

문제 2

주 제	일차부등식의 활용
문 제	도아는 생일을 맞이하여 친구들과 함께 놀이공원에 갔다. 놀이공원의 1인당 이용 요금은 30,000원이다. 도아가 이용할 수 있는 할인 혜택은 다음과 같으며, 두 할인 혜택 중 한 가지만 사용할 수 있다. 통신사 할인 혜택: 전체 이용 요금 20% 할인 생일자 할인 혜택: 생일자 포함 최대 4인 50% 할인 통신사 할인 혜택이 더 유리하기 위해서는 도아를 포함해서 몇 명이 입장해야 하는가? (단, 도아를 포함해서 4명 이상이 입장한다.)

통신사 할인 혜택	전체 이용 요금 20% 할인
생일자 할인 혜택	생일자 포함 최대 4인 50% 할인

❶ 도아를 포함하여 n명의 사람이 통신사 할인 혜택을 받아 놀이공원에 갈 때 지불해야 할 금액을 구하시오.

❷ 도아를 포함하여 n명의 사람이 생일자 할인 혜택을 받아 놀이공원에 갈 때 지불해야 할 금액을 구하시오.

❸ ❶과 ❷를 이용하여 통신사 할인 혜택이 더 유리한 경우를 찾기 위한 부등식을 세우시오.

❹ ❸의 부등식을 풀고, 그 결과를 실생활의 맥락에서 해석하시오.

활동 1

주 제	일차부등식의 활용
문 제	〈예제 2〉의 문제에서 볼 수 있듯이, 일차부등식은 실생활의 문제를 수학적으로 표현하고 수학 문제의 해결을 통해 실생활 문제를 해결하는 데 도움을 줄 수 있다. 이처럼 사회 과학이나 자연 과학에서 일차부등식과 관련된 여러 관계를 찾아보시오.

❶ 사회 과학, 자연 과학 또는 실생활에서 일차부등식과 관련되어 있는 관계를 찾아보시오.

❷ ❶의 관계를 이용하여 일차부등식과 관련된 실생활 문제를 하나 만드시오.

❸ ❷의 문제를 일차부등식으로 나타내시오.

❹ ❸의 일차부등식을 푸시오.

❺ ❹의 결과를 실생활의 맥락에서 해석하시오.

3.5 EXCEL의 활용

1. 일차방정식의 근사해 찾는 방법

EXCEL 환경에서 일차방정식 $ax+b=c$의 근사해를 찾는 방법을 다음의 예를 통해 살펴보자.

1) A1의 값을 입력한다.
2) B1에 좌변의 미지수에 A1의 값을 입력한 결과를 나타내자.
3) '데이터'-'가상분석'-'목표값 찾기'를 통해 B1의 값이 c가 되도록 A1의 값을 변화시켜 보자.
4) A1의 값은 일차방정식 $ax+b=c$의 근사해이다.

위의 방법에 따라 $3x+4=8$의 근사해를 EXCEL 환경에서 나타내기 위해 다음 과정에 따라 실행하자.

1) A1에 '1'을 입력하자. (실제 아무 숫자나 입력해도 상관없다.)
2) B1에 '=3*a1+4'를 입력하자.
3) '데이터'-'가상분석'-'목표값 찾기'를 클릭한 후, 수식 셀은 'B1', 찾는 값은 '8', 값을 바꿀 셀은 'A1'이라 입력하자. (수식 셀과 값을 바꿀 셀은 시트를 클릭해도 된다. 이때, 시트를 클릭하면 절대 참조인 '$B$1', '$A$1'의 형태로 표현된다.)

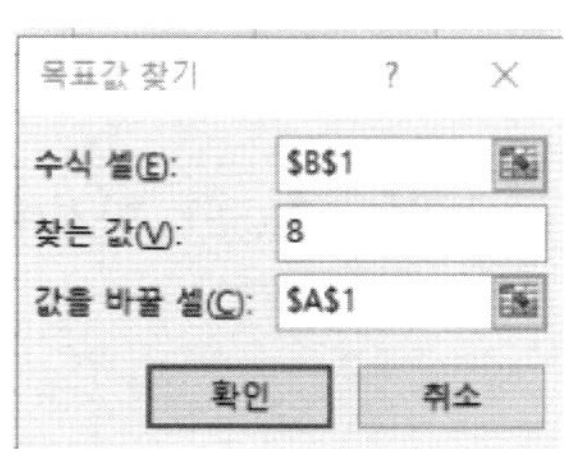

4) 확인을 누르면 일차방정식 $3x+4=8$의 근사해가 A1에 나타낸다.

위의 절차에 따라 실행한 결과는 다음 그림과 같다.

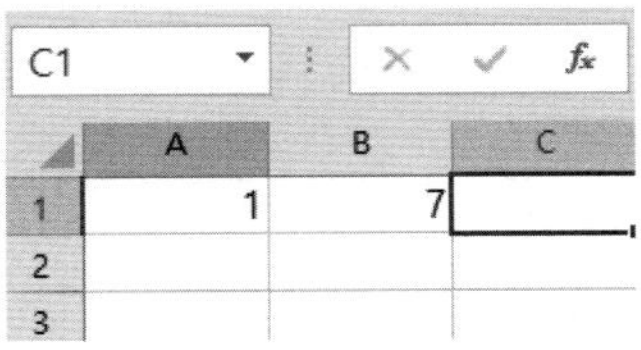

'목표값 찾기'를 실행하기 전

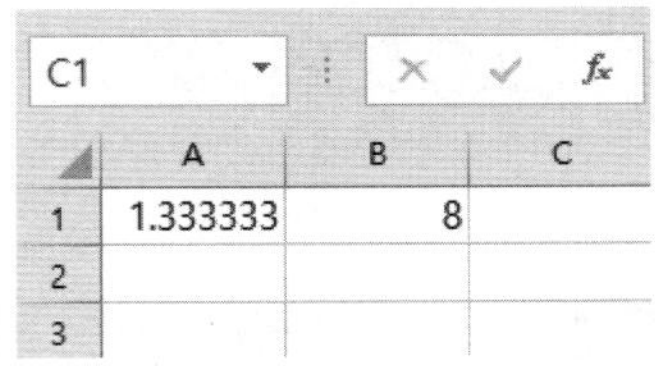

'목표값 찾기'를 실행한 후

2. 이차방정식의 근사해 찾는 방법

EXCEL 환경에서 이차방정식 $ax^2+bx+c=0$이 실근을 갖는다면 그 근사해를 구할 수 있다. 이때, 근사해는 1) 근의 공식을 이용하는 방법과 2) 목표값 찾기를 이용한 방법을 통해 구할 수 있다.

1) 근의 공식을 이용하는 방법

이차방정식 $ax^2+bx+c=0$의 근사해를 찾는 방법을 살펴보자.

1) A1에 이차항의 계수 a를 입력한다.
2) B1에 일차항의 계수 b를 입력한다.
3) C1에 상수항 c를 입력한다.
4) D1에 $\frac{-b+\sqrt{b^2-4ac}}{2a}$의 값을 나타내자.
5) E1에 $\frac{-b-\sqrt{b^2-4ac}}{2a}$의 값을 나타내자.

이차방정식 $2x^2+4x-1=0$의 근사해를 EXCEL 환경에서 나타내기 위해 다음 과정에 따라 실행하자.

1) A1에 '2'를 입력하자.
2) B1에 '4'를 입력하자.
3) C1에 '-1'을 입력하자.
4) D1에 '=(-B1+sqrt(B1^2-4*A1*C1))/(2*A1)'을 입력하자.
5) E1에 '=(-B1-sqrt(B1^2-4*A1*C1))/(2*A1)'을 입력하자.

위의 절차에 따라 실행한 결과는 다음 그림과 같다.

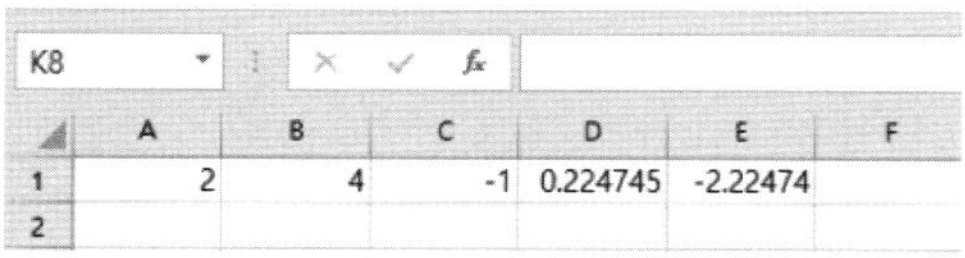

	A	B	C	D	E	F
1	2	4	-1	0.224745	-2.22474	
2						

A1, B1, C1의 값이 각각 2, 4, -1인 경우

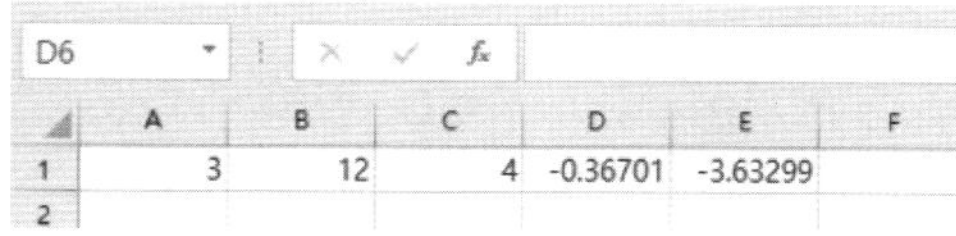

	A	B	C	D	E	F
1	3	12	4	-0.36701	-3.63299	
2						

A1, B1, C1의 값이 각각 3, 12, 4인 경우

2) 목표값 찾기를 이용하는 방법

목표값 찾기는 이차방정식의 근의 공식을 알지 못하더라도 근사해를 찾을 수 있다는 장점이 있다. 하지만 목표값 찾기는 기능적으로 하나의 값만 찾아준다는 단점이 있다. 이를 극복하기 위해서는 목표값 찾기 기능이 처음 주어진 값을 조금씩 변화시키면서 근사해를 찾는다는 점을 이용해야 한다.

이차방정식 $ax^2+bx+c=0$의 근사해를 찾는 방법을 살펴보자.

1) A1의 값을 입력한다.
2) B1에 좌변의 미지수에 A1의 값을 입력한 결과를 나타내자.
3) '데이터'-'가상분석'-'목표값 찾기'를 통해 B1의 값이 0이 되도록 A1의 값을 변화시켜 보자.
4) A1의 값은 이차방정식 $ax^2+bx+c=0$의 근사해이다.
5) A1에 1)에서 입력한 값보다 아주 큰 값(또는 아주 작은 값)을 입력한 후, 1)~4)를 다시 실행한다. A1의 값이 위의 4)와 다르다면, 이 값이 이차방정식 $ax^2+bx+c=0$의 또 다른 근사해이다.

이차방정식 $2x^2+4x-1=0$의 근사해를 EXCEL 환경에서 나타내기 위해 다음 과정에 따라 실행하자.

1) A1에 '2'를 입력하자.
2) B1에 '=2*A1^2+4*A1-1'을 입력하자.
3) '데이터'-'가상분석'-'목표값 찾기'를 클릭한 후, 수식 셀은 'B1', 찾는 값은 '0', 값을 바꿀 셀은 'A1'이라 입력하자.
4) 확인을 누르면 이차방정식 $2x^2+4x-1=0$의 근사해가 A1에 나타낸다.

5) A1에 '-10'을 입력한 후, 다시 1)~4)를 실행하자.

6) 확인을 누르면 이차방정식 $2x^2+4x-1=0$의 또 다른 근사해가 A1에 나타낸다.

위의 절차에 따라 실행한 결과는 다음 그림과 같다.

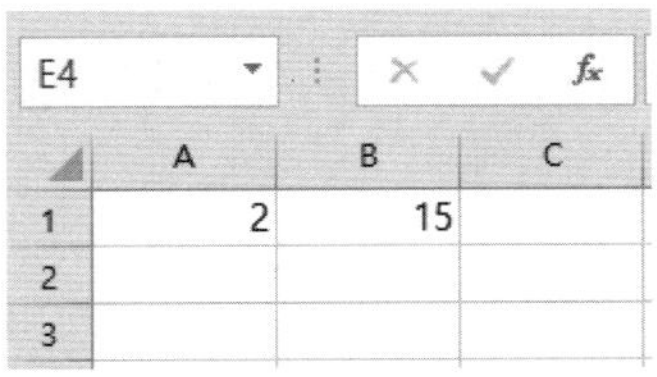

'목표값 찾기'를 실행하기 전

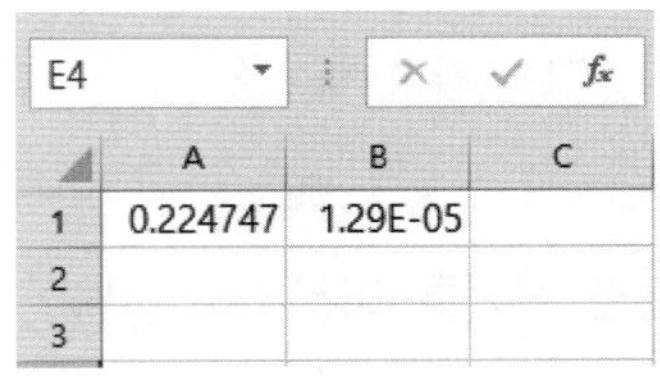

'목표값 찾기'를 실행한 후

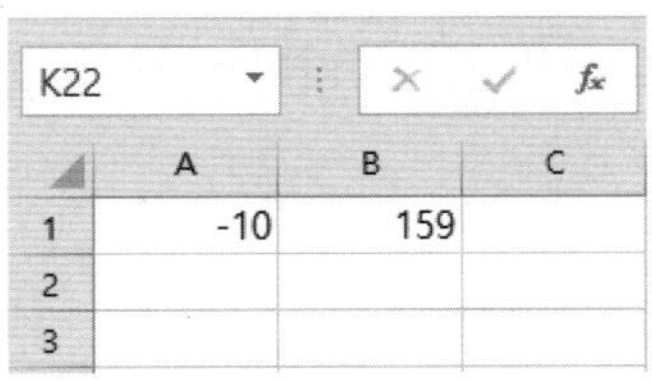

'목표값 찾기'를 실행하기 전

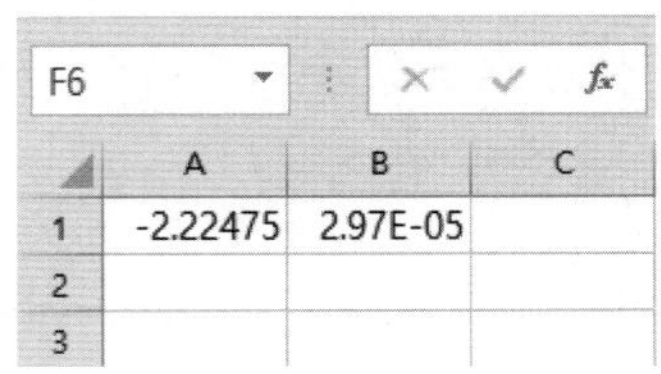

'목표값 찾기'를 실행한 후

이차방정식 $2x^2+4x-1=0$의 근삿값을 1) 근의 공식을 이용한 방법과 2) 목표값 찾기를 이용한 방법으로 구한 결과는 다음과 같다.

	1) 근의 공식 이용	2) 목표값 찾기 이용
근사해1	0.224745	0.224747
근사해2	-2.22474	-2.22475

위의 표에서 1)과 2) 방법의 근사해는 차이가 있음을 알 수 있다. 그 이유는 목표값 찾기에서 찾는 값을 0으로 설정하였지만, 실제 A1의 값을 변화시키면서 0은 아니지만 0에 가까운 숫자가 되는 경우를 찾았기 때문이다. 처음 A1에 2를 입력하고 목표값 찾기를 실행시킨 경우는 0이 아닌 $1.29\mathrm{E}-05$ 즉, $1.29\times10^{-5}=0.0000129$일 때의 x값을 찾은 것이다. 하지만 위의 표에서 보듯이, 두 방법으로 구한 근사해는 소숫점 아래 다섯 번째자리까지는 일치한다. 따라서 분야에 따라 오차의 한계가 다르겠지만, 일반적으로 소숫점 아래 다섯 번째자리까지의 숫자가 일치하므로 근삿값으로 가치를 지닌다.

3. 연립일차방정식의 근사해 찾는 방법

EXCEL 환경에서 가감법, 대입법, 등치법을 이용하여 연립일차방정식의 근사해를 찾는 방법은 직접 하나씩 계산하는 것을 제외하고는 없다. 하지만 선형대수학 과목의 행렬과 관련된 수학 개념을 이용하면 EXCEL 환경에서 구할 수 있다. 여기서는 행렬과 관련된 수학 개념은 생략하고, 명령어를 입력하는 방법과 결과만을 살펴볼 것이다.

연립일차방정식 $\begin{cases} 3x+2y=6 \\ 2x-y=3 \end{cases}$의 근사해를 EXCEL 환경에서 나타내기 위해 다음 과정에 따라 실행하자.

1) A1에 '3', B1에 '2', C1에 '6'을 입력하자.
2) A2에 '2', B2에 '-1', C2에 '3'을 입력하자.
3) A3:B4를 블록 지정한 후, '=minverse(A1:B2)'를 입력하고, 반드시 Ctrl+Shift+Enter를 누른다.
4) C3:C4를 블록 지정한 후, '=mmult(A3:B4,C1:C2)'를 입력하고, 반드시 Ctrl+Shift+Enter를 누른다.
5) C1의 값이 연립방정식의 해 중 x값의 근삿값이고, C2의 값은 연립방정식의 해 중 y값의 근삿값이다.

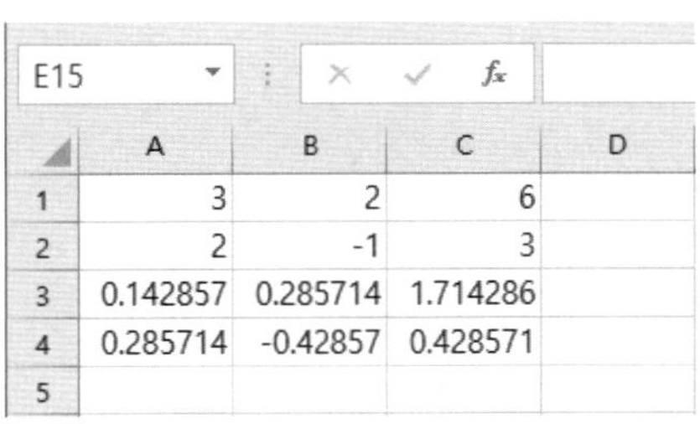

E15

	A	B	C	D
1	3	2	6	
2	2	-1	3	
3	0.142857	0.285714	1.714286	
4	0.285714	-0.42857	0.428571	
5				

$\begin{cases} 3x+2y=6 \\ 2x-y=3 \end{cases}$의 근사해

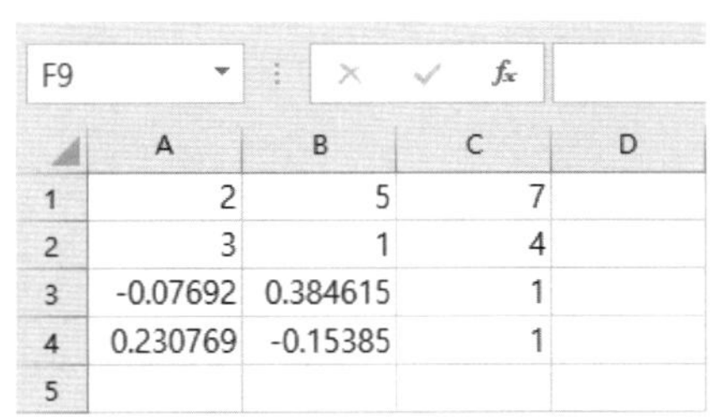

F9

	A	B	C	D
1	2	5	7	
2	3	1	4	
3	-0.07692	0.384615	1	
4	0.230769	-0.15385	1	
5				

$\begin{cases} 2x+5y=7 \\ 3x+y=4 \end{cases}$의 근사해

연립일차방정식 $\begin{cases} x+2y+3z=4 \\ 2x+y+z=5 \\ 3x-y-z=1 \end{cases}$, $\begin{cases} x+y+z+w=2 \\ 3x-y-z+2w=3 \\ 2x-y-3z-w=3 \\ 2x+3y-4z+5w=10 \end{cases}$ 과 같은 연립일차방정식의 근사해도 비슷한 방법으로 구할 수 있다.

제4장 함수

함수는 변화하는 두 양 사이의 관계를 나타내는 개념으로서 그 관계를 이용하여 우리 주위에서 나타나는 여러 현상을 파악하고 그 규칙성을 연구하는 데 중요한 역할을 한다.

이 장에서는 함수의 개념을 이해하고 일상생활에서의 상황을 함수로 설명하고 문제를 해결하는 방법을 공부한다.

4.1 함수와 그래프

학습목표

- 함수를 개념을 이해하고 그래프를 그릴 수 있다.

1) 함수의 정의

❙ 정의 4.1.1

공집합이 아닌 두 집합 X와 Y에 대하여 X에서 Y로의 **함수**(function) f란 X의 **각 원소**에 Y의 원소를 오직 하나 **대응**시키는 **규칙**이다. 이때 X를 함수의 **정의역**(domain)이라 하고 Y를 **공역**(codomain)이라 한다. 집합 X에서 Y로의 함수 f를 간단히 $f: X \to Y$로 나타낸다.

정의역 X의 원소 x가 공역 Y의 원소 y로 대응될 때, y를 f의 x에서의 **함숫값**이라 하고, 기호로 $y = f(x)$ 로 표시한다.

집합 X에서 Y로의 함수 $f : X \to Y$에서 정의역 X의 원소 x를 **독립변수**(independent variable)라 하고 대응되는 공역 Y의 원소 y를 **종속변수**(dependent variable)라 한다. 또 정의역의 모든 원소들에 대한 **함숫값**들의 집합을 f의 **치역**(range)이라 하고 $f(X)$로 나타낸다. 즉 $f(X) = \{f(x) \mid x \in X\}$ 이다.

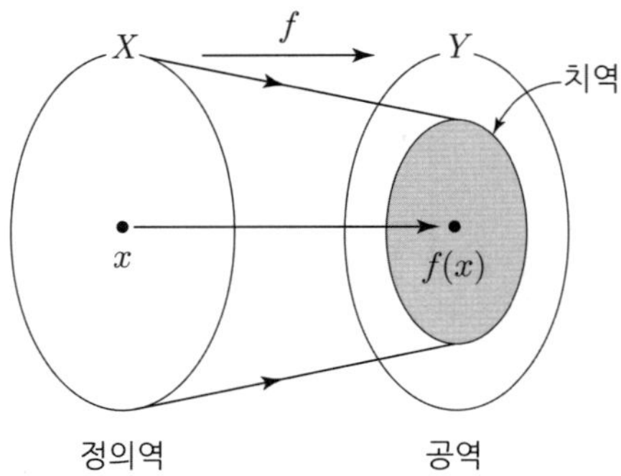

그림 4.1

예제 1

주 제	함수의 정의
문 제	시험점수와 학점 사이에 다음과 같은 대응 규칙이 있다. (아래 표) 다음 물음에 답하시오.

시험점수	학점
90~100	A
80~90	B
70~80	C
60~70	D
0~60	F

❶ 다음 그림에서 시험점수와 학점을 화살표로 짝지어 보시오.

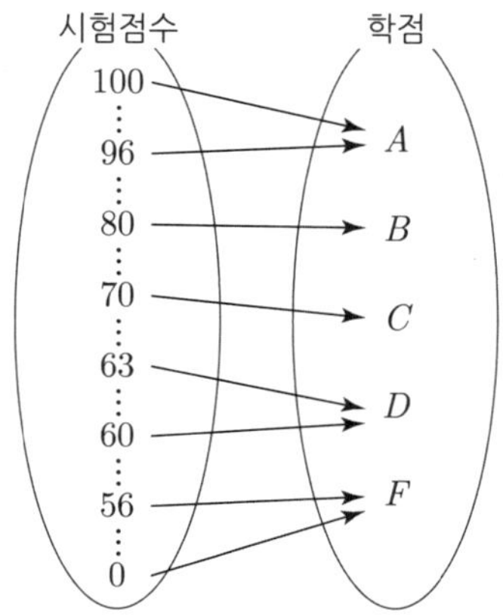

❷ ❶을 참고하여 시험점수와 학점 사이의 대응은 함수인지 판정하시오.

0점 이상 100점 이하의 모든 점수에 대하여 학점 A, B, C, D, F중 단 하나의 학점이 반드시 대응되는 규칙이므로 함수라고 할 수 있다.

❸ 위 대응이 함수라면 정의역과 치역을 각각 구하시오.

주어진 대응은 함수이다. 따라서 시험점수의 집합이 정의역이고 학점들의 집합이 치역이 된다. 즉

정의역은 $\{x \in R \mid 0 \le x \le 100\}$, 치역은 $\{A, B, C, D, F\}$ 이다.

활동 1

주 제	함수의 정의
문 제	어떤 은행에서 발급하는 신용카드는 사용액에 따라 다양한 혜택이 주어진다. 이 혜택 중 하나로 신용카드 사용액의 0.5%를 포인트로 적립하여 1000포인트 이상 적립되었을 때 현금처럼 사용할 수 있는 혜택이 있다. 이때 적립되는 포인트 p(점)는 신용카드 사용액 x(만원)에 대한 함수이다. 다음 물음에 답하시오.

❶ 다음 표를 완성하시오.

x(만원)	0	1	5	10	50	100	500	$\cdots$
p(점)								$\cdots$

❷ 신용카드 사용액 x(만원)에 대한 적립 포인트 p(점)의 함수식 $p = f(x)$를 구하시오.

❸ 적립된 포인트를 현금처럼 사용하려고 한다. 사용해야 하는 신용카드의 최소금액을 구하시오.

문제 1

f가 함수라고 가정할 때

(1) $f(1) = 4$이고 $f(1) = 7$이 가능한가?

(2) $f(a) = 5$이고 $f(b) = 5$이면 $a = b$인가?

풀이

문제 2

한 팀이 다른 모든 팀과 3번씩 경기를 치러야 하는 스포츠 리그가 있다. 이 스포츠 리그의 게임 수 N은 참가 팀의 수 n에 의존하고 그 값은 $N(n) = \frac{3}{2}n^2 - \frac{3}{2}n$으로 주어진다.

(1) 참가 팀이 여덟 팀일 때 이 리그의 게임 수는 얼마인가?

(2) 참가 팀이 열 팀일 때 이 리그의 게임 수는 얼마인가?

풀이

2) 함수의 그래프

함수는 역사적으로 두 변수 사이의 관계식으로부터 출발하였다. 두 변수 사이에 관계식이 주어졌을 때, 좌표개념을 도입하여 이 식을 그래프로 나타낼 수 있다는 사실을 처음 생각한 사람이 프랑스 수학자 데카르트(Descartes, 1596-1650)이다. 데카르트는 좌표축이라는 것을 생각해내어 도형과 대수를 연결하였다. 그의 업적에 의해 기하적인 문제를 대수적인 문제로 전환하여 다룰 수 있게 되었으며 이러한 이유로 그를 해석기하학의 창시자라 부른다.

(1) 좌표

직선은 실수 전체의 집합과 1 : 1로 대응하며 순서구조도 일치하도록 할 수 있다. 이 대응이 주어진 직선을 수직선(real number line)이라 하며 수에 대응하는 직선위의 위치를 수의 좌표라 한다. 같은 방식으로 평면은 두 수직선이 각각 0에서 서로 수직(perpendicular)으로 교차하도록 배치하여 평면 위의 점의 좌표를 결정한다. 이러한 평면을 **좌표평면**(Cartesian coordinate system)이라 한다.

수직으로 교차하는 두 수직선 가운데 수평인 직선(horizontal axis)을 x**축**(x-axis), 수직인 직선(vertical axis)을 y**축**(y-axis)이라 한다. 좌표평면위의 점은 y축으로부터 떨어진 수직거리를 x로 나타내며, x축으로부터 떨어진 수직거리를 y로 나타내는 **순서쌍**(ordered pair) (x, y)로 표시한다. 그리고 x를 x**좌표**(x-coordinate), y를 y**좌표**(y-coordinate)라 부른다.

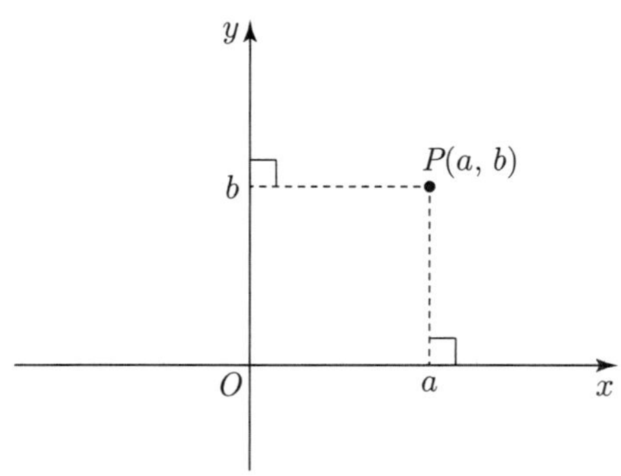

그림 4.2 좌표평면

(2) 함수의 그래프

함수 f의 정의역을 D_f라 하고 정의역 D_f의 원소 x의 함숫값을 $y=f(x)$로 표현하면 함수 f의 **그래프(graph)**는 정의역 D_f의 모든 원소 x에 대한 순서쌍 $(x,\ f(x))$의 집합이다. 즉 f의 그래프를 집합 $G(f)$로 나타내면

$$G(f)=\{(x,\ y)\mid y=f(x),\ \ x\in D_f\}$$

이다.

그리고 함수 f의 그래프를 그린다는 것은 이 집합 $G(f)$를 좌표평면에 표현하는 것이다. 일반적으로 정의역이 실수인 함수의 그래프를 그리면 곡선이 된다. 그러나 임의의 곡선이 반드시 함수의 그래프가 되는 것은 아니다. 어떤 곡선이 함수의 그래프인지를 알아보기 위해서는 곡선과 만나는 점이 두 개 이상인 x축에 수직인(또는 y축에 평행인) 직선이 있는지를 판정한다. 만나는 점이 두 개 이상인 x축에 수직인 직선(또는 y축에 수평인 직선)이 있으면 그 곡선은 함수의 그래프가 아니다.

다음은 서로 다른 세 개의 곡선을 나타낸 것이다. 곡선 (1)은 x에 수직인 직선에 대해 만나는 점은 항상 한 개가 되어 함수의 그래프이다. 하지만 곡선 (2)는 곡선과 만나는 점이 세 개인 x축에 수직인 직선이 있어 함수의 그래프가 아니며, 곡선 (3)도 곡선과 만나는 점이 두 개인 x축에 수직인 직선이 있어 함수의 그래프가 아니다.

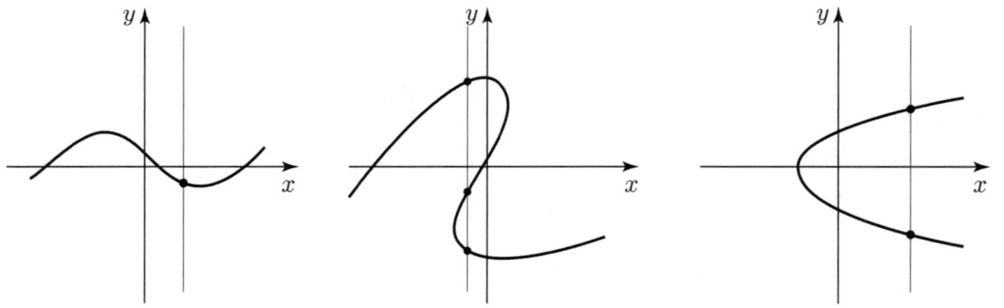

(1) (2) (3)

그림 4.3 함수의 그래프 판별

예제 2

주 제	함수의 그래프 그리기
문 제	함수 $f(x)=2x+1$의 그래프를 그리시오.

❶ $x=-2,\ -1, 0, 1, 2$일 때 순서쌍 $(x, y)=(x, f(x))$을 구하시오.

x	$f(x)=2x+1$	$(x, y)=(x, f(x))$
-2	$f(-2)=2\times(-2)+1=-3$	$(-2,\ -3)$
-1	$f(-2)=2\times(-1)+1=-1$	$(-1,\ -1)$
0	$f(-2)=2\times0+1=1$	$(0, 1)$
1	$f(-2)=2\times1+1=3$	$(1, 3)$
2	$f(-2)=2\times2+1=5$	$(2, 5)$

❷ ❶의 점을 아래 좌표평면 위에 나타내고 이를 이용하여 함수 $f(x)=2x+1$의 그래프를 그리시오.

위 표의 순서쌍들을 좌표평면 위에 나타내면 아래와 같이 5개의 점으로 표현되고 이 함수의 정의역은 실수 전체이므로 이 점들을 연결한 직선이 주어진 함수 $f(x)=2x+1$의 그래프가 된다.

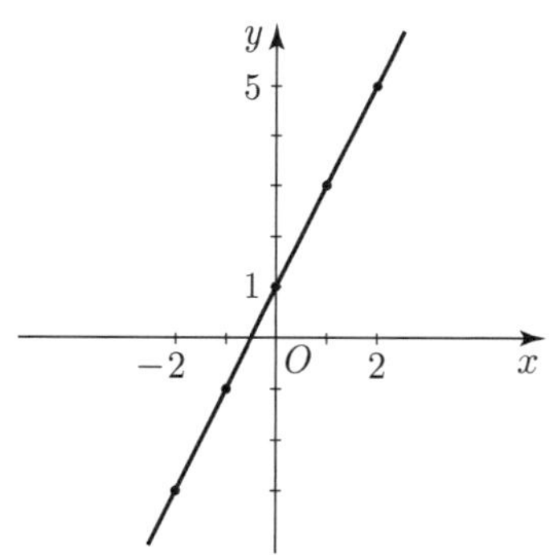

❸ ❷의 그래프에서 x축과 만나는 점의 좌표를 구하시오.

x축 위의 점들은 순서쌍으로 나타내보면 $(x, 0)$의 형태로 y좌표가 0으로 주어진다. 따라서 함수 $y=f(x)=2x+1$ 위의 점들 중에서 $y=0$인 점이 x축과 만나는 점이 되므로 이를 구하면

$0=2x+1,\ x=-\frac{1}{2}$

이 된다.

$\therefore$ x축과 만나는 점의 좌표는 $(-\frac{1}{2}, 0)$.

활동 2

주 제	함수의 그래프
문 제	다양한 요금제를 갖는 어떤 이동통신사의 휴대전화 요금제 중 한 달 동안의 통화시간에 따라 요금이 부과되는 요금제 A와 B가 있고 두 요금제의 기본요금과 통화료가 다음과 같다.

x	A 요금제	B 요금제
기본요금(원)	10000	20000
1분당 통화료(원)	100	50

예를 들어 한 달 동안 150분의 통화량을 갖는 사람이 A 요금제를 사용한다면 기본요금(10000원)에 150분의 통화에 따른 통화료 $150 \times 100 = 15000$원을 더한 25000원의 요금이 부과된다. 다음 물음에 답하시오.

❶ A 요금제에 대한 다음 표를 완성하고 통화시간 x에 대한 요금 $y = f(x)$의 함수식을 구하시오.

통화시간 x(분)	0	50	100	150	200	250	300	⋯
부과요금 y(원)								⋯

❷ B 요금제에 대한 다음 표를 완성하고 통화시간 x에 대한 요금 $y = g(x)$의 함수식을 구하시오.

통화시간 x(분)	0	50	100	150	200	250	300	⋯
부과요금 y(원)								⋯

❸ ❶과 ❷의 점을 각각 다른 색으로 하여 아래 좌표평면 위에 나타내고 두 함수 $y = f(x)$, $y = g(x)$의 그래프를 그리시오.

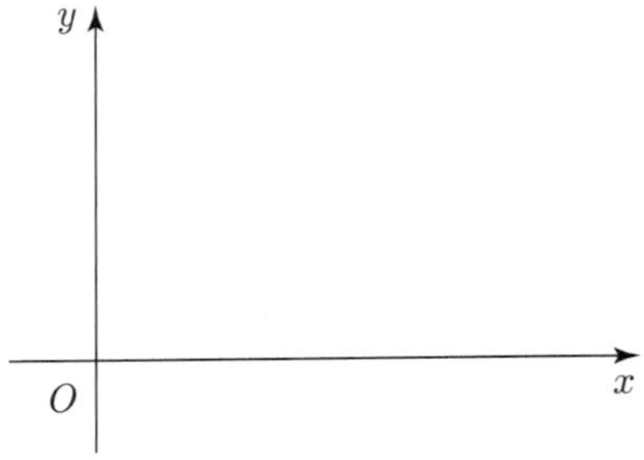

❹ ❸의 그래프를 이용하여 한 달 평균 통화시간이 150분, 400분인 두 사람에게 유리한 요금제는 각각 어떤 요금제인지 판정하시오.

4.2 일차함수와 이차함수

학습목표

- 일·이차함수를 이해하고 그래프를 그릴 수 있다.
- 일상생활에 적용할 수 있는 일·이차함수에 관해 알아보고 문제를 해결할 수 있다.

1) 일차함수

(1) 일차함수와 그래프

$y=f(x)$가 x의 함수이고 y가 x에 관한 일차식 $y=mx+b\,(m\neq 0,\ b$는 상수)로 나타내어질 때 일차함수라 한다. 일차함수의 그래프는 정의역이 실수 범위일 때 직선이다. 직선에서 수평변화의 변화량에 대한 수직거리의 변화량의 비율을 기울기라고 한다. 일차함수 $y=mx+b$의 기울기를 구해보자.

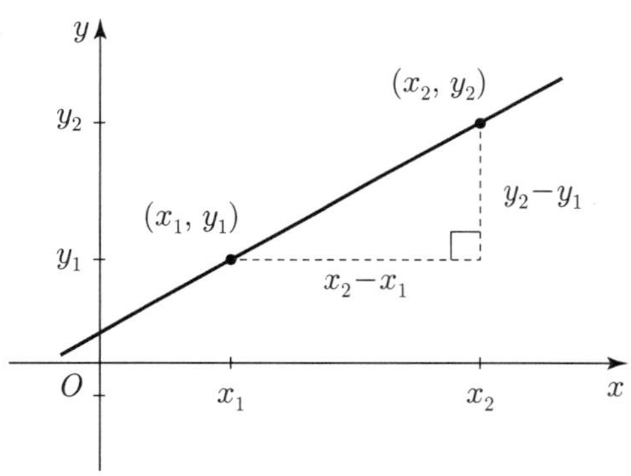

$y=mx+b$의 두 점을 각각 $A=(x_1, y_1)$, $B=(x_2, y_2)$라 하자. 이때

$$\begin{aligned} \text{기울기} &= \frac{\text{수직거리의 변화량}}{\text{수평거리의 변화량}} \\ &= \frac{y\text{값의 증가량}}{x\text{값의 증가량}} \\ &= \frac{y_2-y_1}{x_2-x_1} = \frac{(mx_2+b)-(mx_1+b)}{x_2-x_1} = m \end{aligned}$$

으로 x의 계수 m과 같다. 따라서 m을 기울기라고 한다. 그리고 직선이 y축과 만나는 교점은 $(0, b)$이고 b를 y절편이라 한다.

예제 1

주 제	일차함수
문 제	일차함수 $y=mx+3$의 그래프가 아래 그림과 같이 주어질 때 물음에 답하시오. 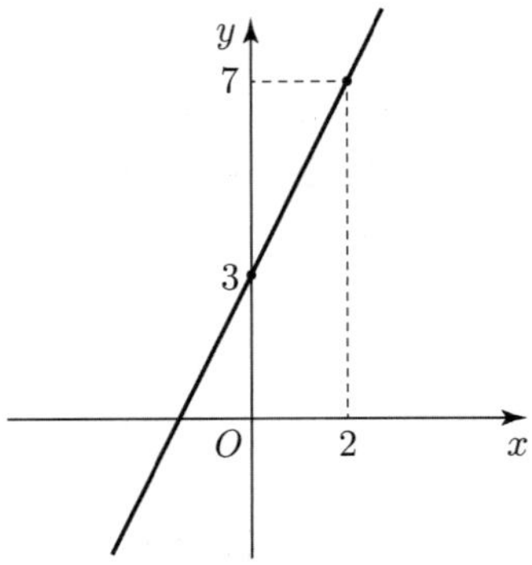

❶ 두 점 $(0,3)$, $(2,7)$을 이용하여 기울기를 구하시오.

$$\text{기울기}=m=\frac{y\text{값의 증가량}}{x\text{값의 증가량}}$$

$$=\frac{7-3}{2-0}=2$$

❷ 기울기를 이용하여 x축과의 교점 좌표 $(a,0)$를 구하시오.

두 점 $(a,0)$, $(0,3)$은 모두 직선 위의 점이므로

$$\text{기울기}=2$$

$$=\frac{y\text{값의 증가량}}{x\text{값의 증가량}}$$

$$=\frac{3-0}{0-a}$$

$$=\frac{3}{-a}$$

$\therefore a=-\dfrac{3}{2}$ 이므로 x축과 교점의 좌표는 $(-\dfrac{3}{2},0)$.

❸ y절편을 구하시오.

y축과 만나는 교점은 $(0,3)$이므로 y절편은 3이다.

활동 1

주 제	일차함수
문 제	청바지를 만드는 의류 사업자는 하루에 100벌의 청바지를 만드는 데 150만 원이 필요하고 500벌을 만드는 데 550만 원의 비용이 필요하다는 것을 알았다. 생산되는 청바지 수 x에 대한 비용 $y=f(x)$가 x에 대한 일차함수라고 한다.

❶ 주어진 조건을 이용하여 일차함수 $y=f(x)$의 그래프를 아래 좌표평면 위에 그리시오.

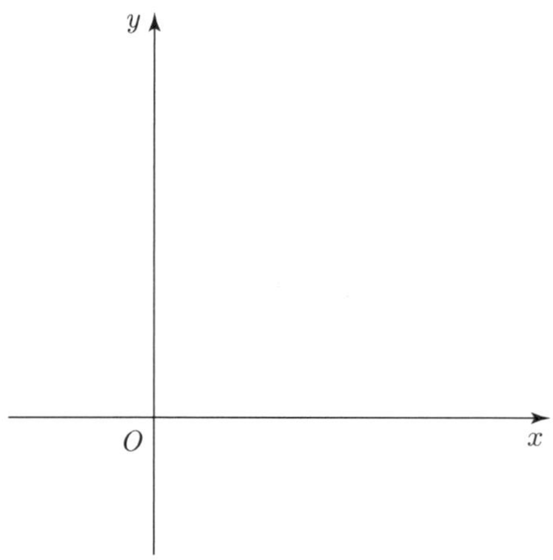

❷ 기울기의 정의를 이용하여 기울기를 구하시오.

❸ y절편을 구하고 이 값의 의미를 논의하시오.

❹ 함수식 $y=f(x)$를 구하고 이를 이용하여 청바지 1000벌을 생산하는 데 필요한 비용을 구하시오.

문제 1

어느 결혼예식을 담당하는 회사에서 평균 결혼비용을 조사해 보았다. 2010년에는 5000만 원, 2020년에는 7000만 원이 들었다고 조사되었다. 매년 일정한 비율로 증가했다면 매년 얼마만큼 증가하는지 구하시오.

풀이

문제 2

어떤 회사의 월급여가 기본급 70만 원과 월 판매 실적의 10%로 구성되어있다. 판매실적 x(만원)과 월급여 y(만원) 사이의 관계식을 구하시오.

풀이

문제 3

기온이 $15℃$일 때, 소리의 속력은 $340\mathrm{m/s}$이다, 소리의 속력은 기온에 따라 달라지는데, 일반적으로 기온이 $5℃$ 올라갈 때마다 소리의 속력이 $3\mathrm{m/s}$씩 증가한다고 한다. 소리의 속력 $v\,(\mathrm{m/s})$와 기온 $t\,(℃)$ 사이에는 $v=\frac{3}{5}t+331$ 관계가 성립한다고 할 때, 기온이 $0℃$일 때 소리의 속력을 구하시오.

풀이

x, y의 값의 범위가 실수 전체의 집합인 일차방정식 $ax+by+c=0$ ($a \neq 0$ 또는 $b \neq 0$)의 해는 무수히 많고, 그 해의 순서쌍 (x, y)를 좌표평면 위에 나타내면 직선이 된다.

이 직선을 일차방정식 $ax+by+c=0$의 그래프라 하고, $ax+by+c=0$을 직선의 방정식이라 한다.

일차방정식 $ax+by+c=0$을 y에 대하여 풀면 $y=-\frac{a}{b}x-\frac{c}{b}$이고, 이것은 일차함수를 나타낸다. 이 일차함수 $y=-\frac{a}{b}x-\frac{c}{b}$의 그래프를 그려보면 일차방정식 $ax+by+c=0$의 그래프와 같음을 알 수 있다.

> 일차함수 식 구하기
>
> 1. 한 점과 기울기가 주어진 직선의 방정식
>
> 점 $A(x_1, y_1)$을 지나고 기울기 $m(\neq 0)$은 직선의 방정식은
>
> $$y-y_1=m(x-x_1)$$
>
> 2. 두 점을 지나는 직선의 방정식
>
> 두 점 $A(x_1, y_1)$, $B(x_2, y_2)$를 지나는 직선의 방정식은
>
> $$y-y_1=\frac{y_2-y_1}{x_2-x_1}(x-x_1),\ x_1 \neq x_2$$

문제 4

점 $(-1, 2)$를 지나고 기울기가 3인 직선을 그래프로 하는 일차함수의 식을 구하시오.

풀이

문제 5

두 점 $(2, 3)$, $(1, -4)$를 지나는 직선을 그래프로 하는 일차함수의 식을 구하시오.

풀이

(2) 일차함수의 활용 : 자료에 적합한 직선 찾기와 예측하기

수집된 자료의 근사치로서 일차함수를 이용할 수 있다. 예를 들어 2009년부터 2018년까지 우리나라의 자동차 등록 현황을 보면 아래 표와 같다.

년도, x(년)	2009	2010	2011	2012	2013	2014	2015	2016	2017	2018
등록대수, y(만대)	1733	1794	1844	1887	1940	2012	2099	2180	2253	2320

이 자료에서 x년도 자동차 등록대수 y의 순서쌍 (x, y)을 좌표평면에 나타내는 산점도(scatter diamgram)를 그려보면

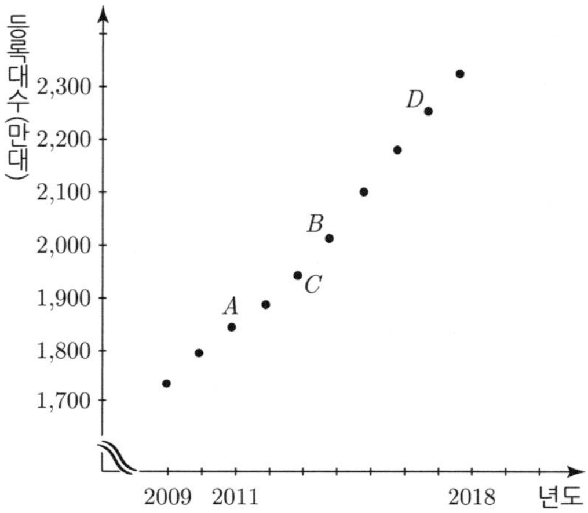

으로 해마다 자동차 수는 증가하고 있다.

여기서 모든 순서쌍들이 하나의 직선 위에 존재하지는 않지만 이 자료에 근접한 직선을 찾는 것은 가능하다. 위의 산점도에서 두 점 $A(2011, 1844)$, $B(2014, 2012)$을 선택한 후 두 점을 지나는 직선의 방정식을 찾아보자. 먼저 기울기를 구해보면

$$m = \frac{y_2 - y_1}{x_2 - x_1} = \frac{2012 - 1844}{2014 - 2011} = \frac{168}{3} = 56$$

이므로 직선의 방정식은

$$y - 1844 = 56(x - 2011)$$
$$y = 56x - 110772$$

이고 그래프는 다음과 같다.

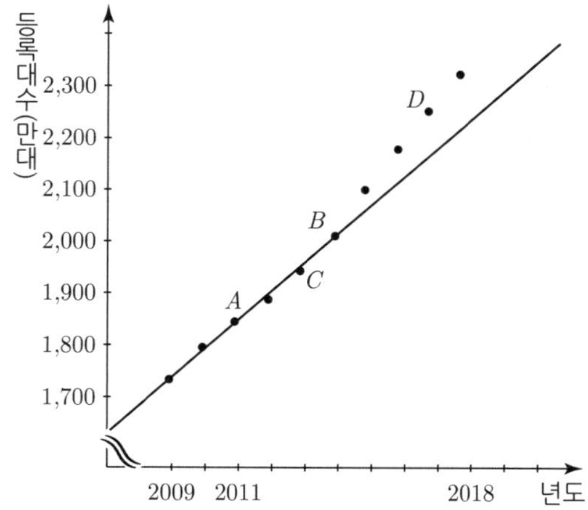

그래프에서 자료의 순서쌍들이 직선 위에 있거나 직선 가까이에 있어 이 직선이 주어진 자료에 근접함을 알 수 있다. 따라서 이 직선을 이용하여 다른 년도의 등록된 자동차 수의 근삿값을 구할 수 있다. 예로 2009년의 자동차 수를 알아보자. 이 직선의 방정식에 $x = 2009$를 대입해 보면 $y = 56 \times 2009 - 110772 = 1732$로 실제 2009년의 자동차 수 1733만대와 근사함을 알 수 있다. 또한 미래의 등록된 자동차 수를 예측할 수도 있다. $x = 2020$을 대입하면 $y = 56 \times 2020 - 110772 = 2348$로 2020년에 약 2348만대의 자동차가 등록될 것으로 예측된다.

만약 두 점을 A, B와 다른 점들로 선택한다면 주어진 자료를 근사시키는 또 다른 직선을 찾을 수 있다. 점 A와 B 대신 다른 두 점 $C(2013,\ 1940)$, $D(2017,\ 2253)$을 선택해보자. 이 두 점을 지나는 직선의 방정식은 $y = \dfrac{313}{4}x - \dfrac{622309}{4}$이고 그래프는 아래와 같다.

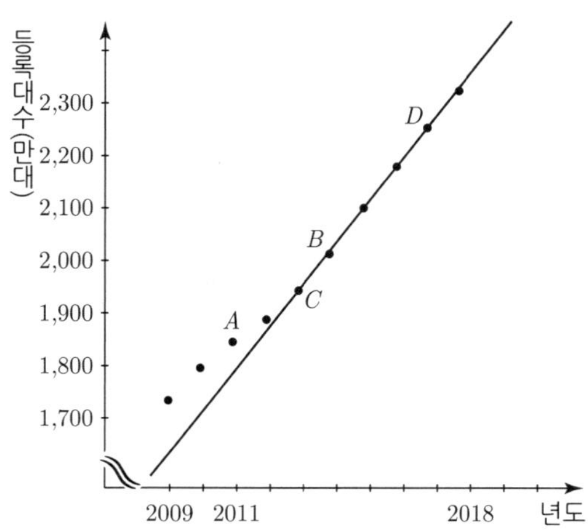

활동 2

주 제	자료에 적합한 일차함수 찾기
문 제	다음은 어떤 도시의 인구현황에 대한 자료이다.

년도, x(년)	1992	1994	1996	1998	2000	2002	2004	2006
인구수, y(백명)	202	263	321	373	402	462	498	529

❶ 이 자료에 대한 산점도를 그리시오.

❷ 두 점 $(1994, 263)$, $(2998, 373)$을 지나는 직선의 방정식을 구하고 그 그래프를 ❶의 좌표평면에 그려 산점도와 비교하시오.

❸ ❷의 직선을 이용하여 이 도시의 2020년 인구를 추정하시오.

❹ ❷에 주어진 점과 다른 두 점을 이용하여 주어진 자료에 근접한 직선의 방정식을 구하시오.

문제 6
최근 우리나라 출생아 수를 조사한 통계 자료이다.

년도, x(년)	2011	2012	2013	2014	2015	2016	2017	2018
출생아 수, y(백명)	4,713	4,846	4,365	4,354	4,384	4,062	3,578	3,268

(1) 이 자료의 산점도를 좌표평면에 그리시오.

(2) 이 자료에 근접한 직선의 방정식을 찾으시오.

(3) 2025년 우리나라 출생아 수를 추정하시오.

풀이

2) 이차함수

(1) 이차함수와 그래프

$y=f(x)$가 x의 함수이고 y가 x에 관한 이차식

$$y=ax^2+bx+c \quad (a, b, c\text{는 실수}, \ a \neq 0)$$

로 나타내어질 때 함수 $y=f(x)$를 이차함수라고 한다.

이차함수 $y=x^2$의 그래프를 그려보자. 정의역의 원소 x의 값 사이의 간격을 점점 작게 하여 정의역을 실수 전체의 집합이 되도록 하면 그림과 같이 $y=x^2$의 그래프를 그릴 수 있다.

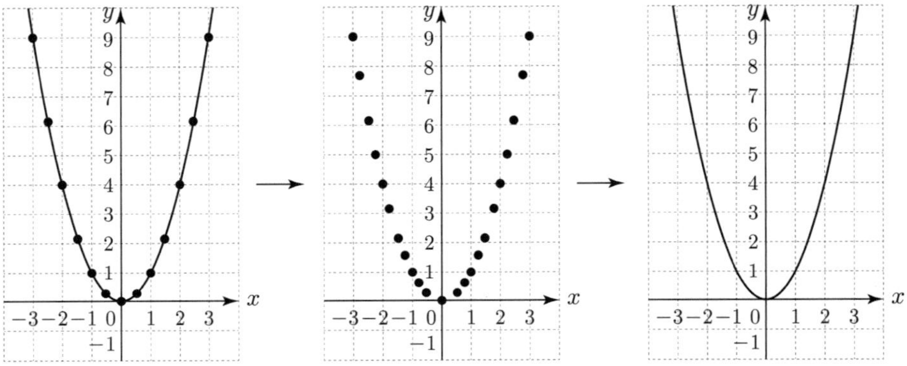

이차함수 $y=x^2$의 그래프를 살펴보면, 원점을 지나고 아래로 볼록하며, y축에 대칭임을 알 수 있다. 이와 같은 모양의 곡선을 포물선이라고 한다. 또 포물선의 대칭축을 포물선의 축, 포물선과 축의 교점을 포물선의 꼭짓점이라고 한다.

이차함수 $y=x^2$의 그래프는 원점이 꼭짓점이고 y축을 축으로 하며 아래로 볼록인 포물선이다. 함수 $y=-x^2$의 그래프를 그려보면 원점이 꼭짓점이고 y축을 축으로 하며 위로 볼록인 포물선이며 $y=x^2$의 그래프와 x축에 대칭이다.

이차함수 $y=ax^2$에서 a의 값이 -2, -1, $-\frac{1}{2}$, $\frac{1}{2}$, 1, 2일 때, 이들의 그래프를 한 좌표평면에 나타내면 다음 그림과 같다.

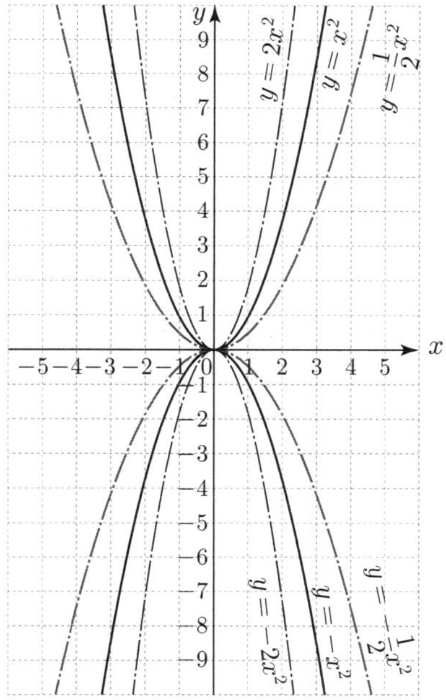

이차함수 $y=ax^2$의 그래프는

1. 원점을 꼭짓점으로 하고, y축을 축으로 하는 포물선이다.
2. $a>0$이면 아래로 볼록한 포물선이고, $a<0$이면 위로 볼록한 포물선이다.
3. a의 절댓값이 클수록 그래프의 폭이 좁아진다.

이차함수 $y=a(x-p)^2+q$의 그래프는 $y=ax^2$의 그래프를 x축의 방향으로 p만큼, y축의 방향으로 q만큼 평행이동한 것으로 점 (p,q)를 꼭짓점, 직선 $x=p$를 축으로 하는 포물선이다.

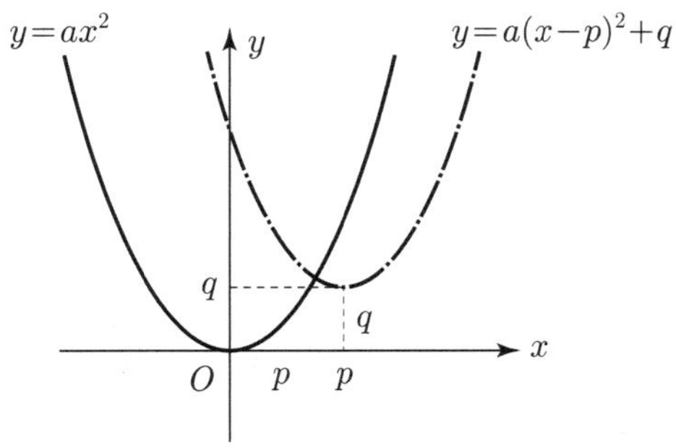

활동 3

주 제	이차함수
문 제	휴대폰을 생산하는 기업이 신제품을 개발하여 판매하고 있다. 이 신제품 한 개의 가격이 100만 원일 때 3000개가 팔렸고 판매가격이 만 원씩 인상될 때마다 판매량은 10개씩 줄었다고 한다. 제품의 총판매금액이 최대가 되는 제품 한 개의 가격을 구하시오.

❶ 제품 한 개의 가격을 x(만원) 인상했을 때 제품 한 개의 가격 p(만원)과 이 제품의 판매량 q(개)에 대한 다음 표를 완성하시오.

x(만원)	0	1	2	3	4	5	10	20	$\cdots$
p(만원)									$\cdots$
q(개)									$\cdots$

❷ 제품 한 개의 가격을 x(만원) 인상했을 때 제품 한 개의 가격 p(만원)과 제품의 판매량 q(개)는 모두 x에 대한 함수이다. x에 대한 이 두 함수식 $p = p(x)$와 $q = q(x)$를 각각 구하시오.

❸ 제품의 (총판매금액)=(제품 한 개의 가격) × (제품 판매량)으로 주어진다고 한다. 제품 1개의 가격을 x(만원) 인상했을 때 판매된 제품의 총판매금액 y(만원)은 x에 대한 함수이다. 이 함수식 $y = f(x)$를 구하고 그 그래프를 그리시오.

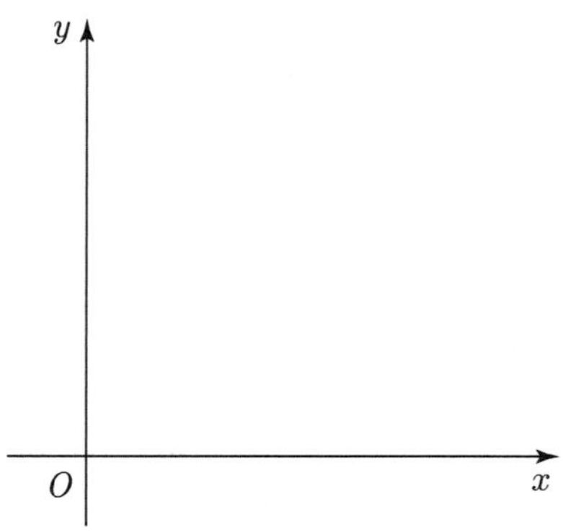

❹ ❸에서 구한 함수의 그래프를 그리고 이를 이용하여 제품 1개의 가격을 100(만원) 인상했을 때 판매된 제품의 총판매금액을 구하시오.

문제 7

수면으로부터 높이가 $70\mathrm{m}$인 캐필라노 공원의 다리에서 물체를 떨어뜨렸을 때, x초 후의 물체의 높이 $y\mathrm{m}$는 $y=-5x^2+70$이라고 한다.

(1) 물체를 떨어뜨린 시간에 따른 각각의 높이를 구하시오.

x(초)	0	1	2	3
y(m)				

(2) 물체를 떨어뜨리고 나서 물체가 수면에 도착할 때까지 걸리는 시간을 구하시오.

풀이

문제 8

이차함수 $y=2(x-1)^2+3$의 그래프를 그리시오.

풀이

이차함수 $y=ax^2+bx+c$의 그래프는 $y=a(x-p)^2+q$의 형태로 바꾸어 그리면 된다.

문제 9

이차함수의 그래프를 그리시오.

(1) $y=x^2+10x+23$

(2) $y=-x^2+6x-4$

풀이

일반적으로 이차함수 $y=a(x-p)^2+q$의 최댓값과 최솟값에 대하여 다음이 성립한다.
이차함수 $y=a(x-p)^2+q$에서

1. $a>0$일 때, $x=p$에서 최솟값은 q이고, 최댓값은 없다.
2. $a<0$일 때, $x=p$에서 최댓값은 q이고, 최솟값은 없다.

$a>0$	$a<0$
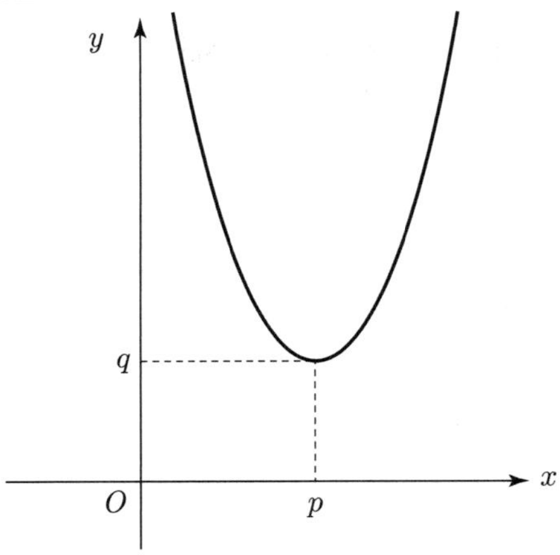	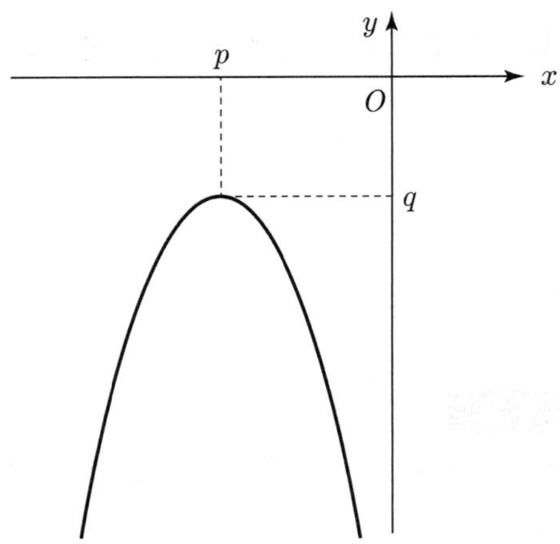

(2) 이차함수 활용 : 최댓값, 최솟값 구하기

길이가 60m인 철망으로 사각형 모양의 울타리를 만들려고 한다.

철망의 전체 길이가 60m이므로 울타리의 한 변의 길이를 xm라고 하면 나머지 한 변의 길이는 $(30-x)$m이다. 이때 $x>0$, $30-x>0$이므로 $0<x<30$이 된다.

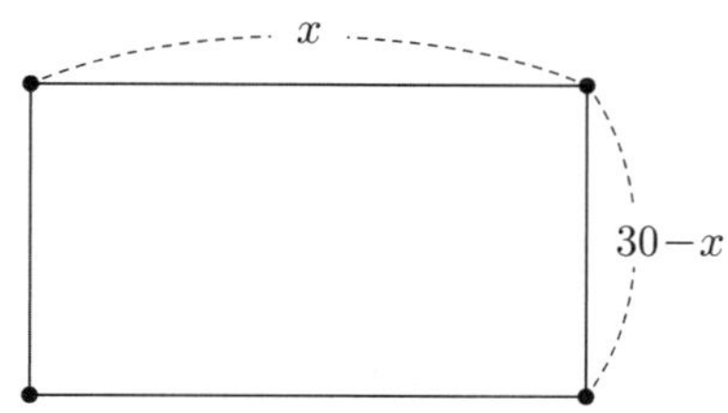

울타리의 넓이를 ym^{2}를 x에 관한 식으로 나타내면

$$y = x(30-x) = -x^2+30x = -(x-15)^2+225$$

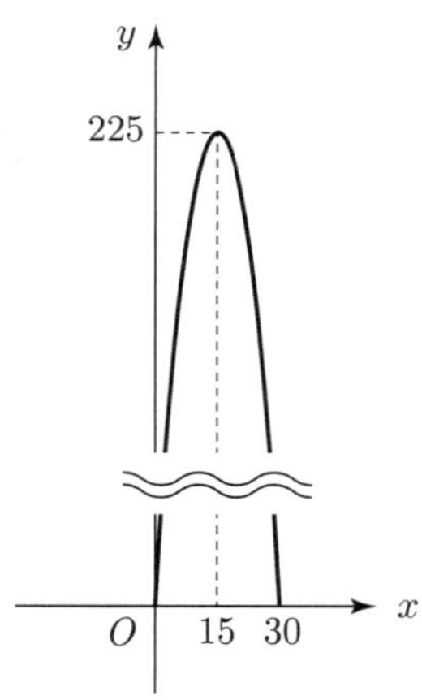

$0<x<30$에서 이차함수 $y=-(x-15)^2+225$의 그래프는 오른쪽 그림과 같으므로 울타리 안의 넓이의 최댓값은 225이고, 이때 울타리의 가로의 길이는 15m, 세로의 길이도 15m이다.

활동 4

주 제	이차함수 활용하여 최댓값·최솟값 구하기
문 제	담장에 길이가 16m인 철망을 'ㄷ' 자 모양으로 둘러쳐서 직사각형 모양의 텃밭을 만들려고 한다. 텃밭의 넓이가 최대가 되는 세로의 길이와 그 때 텃밭의 넓이를 구하시오.

❶ 세로의 길이를 xm라고 할 때 가로의 길이를 구하시오.

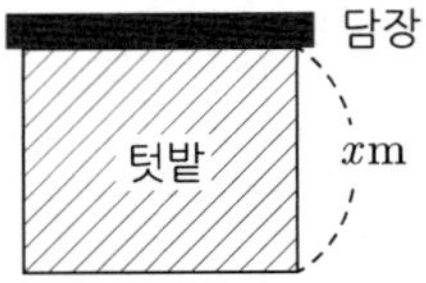

❷ 텃밭의 넓이를 ym^2라고 할 때, y를 x의 식으로 나타내고 그 그래프를 그리시오.

❸ 텃밭의 넓이 ym^2가 최대가 되는 세로의 길이 x를 구하고 그 때 텃밭의 넓이 y를 구하시오.

문제 10

어떤 물품 x개의 생산비용은 $C(x) = x^2 + 20x + 1200$원이다. 이 물품 1개의 시장가격이 100원이라면 x개를 판매하였을 때의 이윤 y는 x에 대한 이차함수이고 다음과 같다.

$$y = -(x-40)^2 + 400$$

(1) $y = -(x-40)^2 + 400$의 그래프 개형을 그리시오.

(2) 이윤이 최대가 되는 물품의 판매개수를 구하시오.

풀이

문제 11

재훈이는 불우 이웃 돕기 성금을 마련하기 위하여 친구들과 함께 카드를 만들어 팔기로 하였다. 한 개당 1000원의 이익을 남기고 팔면 하루에 64개를 팔 수 있는데, 한 개당 이익금을 100원 줄일 때마다 하루에 8개씩 더 팔린다고 한다. 재훈이가 하루의 이익을 최대로 하기 위해서는 한 개당 얼마의 이익을 남기고 팔아야 하는지 구하시오.

풀이

4.3 지수함수와 로그함수

학습목표
- 지수법칙을 이해하고 관련 문제를 해결할 수 있다.
- 지수와 로그의 관계, 로그함수의 특성을 이해하고 관련 문제를 해결 할 수 있다.
- 일상생활에서의 상황을 지수·로그함수로 설명하고 문제를 해결할 수 있다.

1) 지수함수

(1) 지수의 정의와 성질

n을 양의 정수라 하면 실수 a를 n번 곱하여 얻은 수를 a^n으로 표기한다.

$$a^n = \underbrace{a \cdot a \cdot \ \cdots \ \cdot a}_{n\text{개}}$$

이때 a를 밑(base)이라 하고 n을 지수(exponent)라 한다.

| 정의 4.3.1 확장된 지수의 정의

1. $a^0 = 1$(단 $a \neq 0$)
2. $a^{-n} = \dfrac{1}{a^n}$ (단, $a \neq 0$, n은 양의 정수)
3. $a^{\frac{m}{n}} = \sqrt[n]{a^m}$

(단, $a > 0$실수, m은 정수, n은 2 이상의 정수)

| 정리 4.3.2 확장된 지수법칙

a, b가 양의 실수이고, r, s가 실수일 때 다음이 성립한다.

1. $a^r \cdot a^s = a^{r+s}$ (곱의 법칙)
2. $\dfrac{a^r}{a^s} = a^{r-s}$ (몫의 법칙)
3. $(a^r)^s = a^{rs}$ (멱의 법칙)

4. $(ab)^r = a^r b^r$ (곱셈의 지수법칙)

5. $\left(\frac{b}{a}\right)^r = \frac{b^r}{a^r}$ (나눗셈의 지수법칙)

문제 1

양의 실수 x, y에 관한 다음 식을 유리수 지수로 표현하시오.

(1) $\frac{1}{x^3}$ (2) $\sqrt[6]{x^3}$ (3) $(\sqrt[4]{16xy})^5$ (4) $\frac{1}{\sqrt{x}}$

풀이

문제 2

다음 식을 간단히 하시오. (단, 문자는 모두 양의 실수이다.)

(1) $x^{\frac{5}{6}} \cdot x^{\frac{2}{3}}$ (2) $\sqrt{(x+3)^5} \cdot \frac{1}{\sqrt{x+3}}$

풀이

(2) 지수함수와 그래프

함수 $f(x) = 2^x$는 지수함수라고 부른다. 왜냐하면, 이 함수의 독립변수인 x가 지수이기 때문이다. 이 함수를 $f(x) = x^2$과 혼동해서는 안 된다. 지수함수는 독립변수가 지수인 함수이고 이차함수인 $f(x) = x^2$은 독립변수가 밑이라는 사실을 기억해야 한다.

일반적으로 양수인 a에 대해,

$$f(x) = a^x \quad (a \neq 1)$$

과 같은 형식의 함수를 **지수함수**라고 한다.

일반적으로 지수함수의 그래프는 밑이 $a > 1$인 경우와 $0 < a < 1$인 경우로 나누어 살펴보면 다음과 같다.

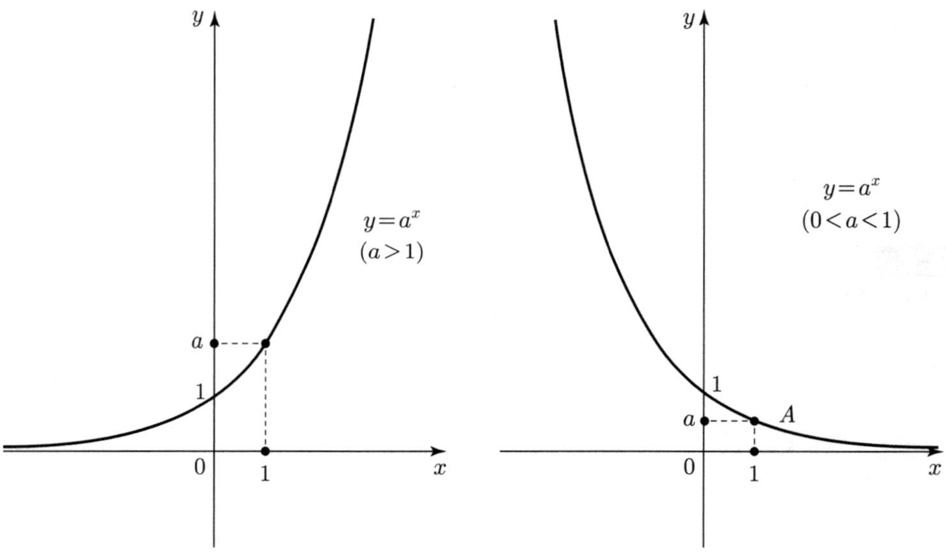

예제 1

주 제	지수함수
문 제	방사성물질의 방사능 양이 반으로 줄어들 때까지 걸리는 시간을 반감기라고 한다. 이런 반감기는 자연 상태에서 방사성붕괴를 통해 방사능이 절반으로 감소하는 기간의 물리적 반감기와 몸 안으로 들어온 방사성물질이 소화, 배설 등의 작용으로 몸 밖으로 빠져나감에 따라 방사능이 절반으로 감소하는 기간의 생물학적 반감기로 나눈다. 방사성 세슘의 생물학적 반감기는 약 100일이다. 현재 몸 안으로 들어온 세슘의 양이 $A(mSv, \text{밀리시버트})$라고 하자.

❶ 몸 안의 세슘의 양이 현재 양의 $\frac{1}{4}$ 이하가 되는 데 걸리는 시간을 구하시오.

100일 후 세슘의 양은 $\frac{1}{2}A(mSv)$

200일 후 세슘의 양은 $\frac{1}{2}A \times \frac{1}{2} = \frac{1}{4}A(mSv)$

따라서 200일 후 세슘의 양은 $\frac{1}{4}$이하가 된다.

❷ 400일 후 몸 안의 세슘의 양을 구하시오.

100일이 지날 때마다 세슘의 양은 반으로 줄어든다.

따라서 400일 후에는

$$A \times \frac{1}{2} \times \frac{1}{2} \times \frac{1}{2} \times \frac{1}{2} = (\frac{1}{2})^4 A(mSv)$$

❸ x일 후 몸 안의 세슘의 양 $y(mSv)$를 구하시오.

$$y = \left(\frac{1}{2}\right)^{\frac{x}{100}} A = \left(\sqrt[100]{\frac{1}{2}}\right)^x A$$

활동 1

주 제	지수함수
문 제	바다 속에 존재하는 어떤 플랑크톤은 1시간이 지날 때마다 그 수가 2배가 된다고 한다. 현재 플랑크톤의 수가 10이라고 할 때, 다음 물음에 답하시오.

❶ x시간 후 플랑크톤의 수 y에 대한 표를 완성하시오.

x(시간)	0	1	2	3	5	10
y	10					

❷ x시간 후 바다 속 플랑크톤의 수 y는 x에 대한 함수이다.
이 함수식 $y = f(x)$을 구하시오.

❸ 하루가 지난 후 바다 속 플랑크톤의 수를 구하시오.

❹ 바다 속 플랑크톤의 수가 5120 이상이 되는 데 걸리는 최소 시간을 구하시오.

문제 3

어느 지역의 조류 개체 수는 2년마다 10%씩 증가한다고 한다. 현재 개체 수가 10000일 때, 10년 후의 개체 수를 구하시오. (단 $(1.1)^5 = 1.61$)

풀이

문제 4

반도체의 핵심 소재를 생산하는 국내 한 기업의 생산량은 해마다 증가하고 있다. 2019년 이 업체의 생산량이 500t이었고 1년마다 10%씩 증가한다고 한다. 2024년 이 업체의 생산량을 구하시오.
(단 $(1.1)^5 = 1.61$)

풀이

2) 로그함수

(1) 로그의 정의와 성질

지수함수와 함께 수학에서 많이 응용되는 함수 중에 하나가 로그함수이다. 이 절에서는 로그함수의 원리와 그래프, 로그함수의 성질 등을 살펴볼 것이다.

지금은 기수법과 계산 기기의 발달로 큰 수를 계산하는 것이 용이하지만 옛날에는 천문학 등에서 등장하는 큰 수의 계산이 많은 시간을 필요로 했다. 수학자들은 이런 문제를 해결하기 위해 로그 개념을 고안하였다. 다음과 같은 두 수열을 보자.

1	2	3	4	5	6	7	8	9	10	11	12	13	⋯
2	4	8	16	32	64	128	256	512	1024	2048	4096	8192	⋯

위의 두 수열은 어떤 관계가 있을까? 첫 번째 수열은 공차가 1인 등차수열이고 두 번째 수열은 공비가 2인 등비수열이다. 따라서, 각 수열의 같은 열에 위치한 두 수의 관계는 n과 2^n의 관계이다. 예를 들면,

두 수열의 세 번째 수는 3과 8인데, 이것은 3과 $8=2^3$의 관계
두 수열의 일곱 번째 수는 7과 128인데, 이것은 7과 $128=2^7$의 관계
두 수열의 열 번째 수는 10과 1024인데, 이것은 10과 $1024=2^{10}$의 관계

등이다.

여기서 우리는 두 번째 수열의 세 번째 수(8)와 일곱 번째 수(128)를 곱한 것이 열 번째 수라는 것을 알 수 있다. 마찬가지로, 32와 256을 곱한 값을 구하고 싶다면 이 수들과 같은 위치에 자리한 첫 번째 수열의 5와 8을 더해 얻은 13과 같은 자리의 8192를 선택하면 된다. 위에서 제시한 수열은 두 번째 수열의 공비가 2인 경우이므로 항을 거듭할수록 두 배씩 증가하지만, 더 촘촘한 수열을 얻고 싶다면 1에 가까운 공비에 대한 수표를 만들면 된다. 이런 원리로 미리 수표를 계산해 놓으면 천문학에서 천체 사이의 거리를 계산하는 등 큰 수의 근삿값을 계산할 때 매우 유용하다.

$2^x=8$이면 $x=3$이다. 그러나 $2^x=3$이 되는 x는 유리수 범위에서 구할 수 없으므로 우리는 새로운 기호를 도입하여 $x=\log_2 3$으로 표현한다.

정의 4.3.3

> 일반적으로 $a>0$, $a\neq 1$일 때 양수 M에 대하여 $a^x=M$을 만족하는 실수 x는 오직 하나 존재한다. 이 실수 x를 $x=\log_a M$로 나타내고, a를 밑으로 하는 M의 로그라고 한다. 이때 M을 $\log_a M$의 진수라 한다.

정리 4.3.4 **로그의 성질**

> 양의 실수 M, N과 로그의 밑 $a(a>0, a\neq 1)$에 대하여, 다음이 성립한다.
>
> (1) $\log_a 1=0$, $\log_a a=1$
>
> (2) $\log_a MN=\log_a M+\log_a N$
>
> (3) $\log_a M^p=p\log_a M$ (p는 임의의 실수)
>
> (4) $\log_a \dfrac{M}{N}=\log_a M-\log_a N$
>
> (5) $\log_a M=\dfrac{\log_b M}{\log_b a}$ (단, $b>0, b\neq 1$)
>
> (6) $a^{\log_a b}=b$ (단, $b>0$)

계산기가 널리 이용되기 전에는 밑이 10인 로그(또는 **상용로그**)가 복잡한 계산을 쉽게 하기 위해 많이 이용되었다. 밑이 표시되지 않은 log를 사용하여 밑이 10인 **상용로그**를 표현하였다. 따라서

$$\log\ 29\text{는 } \log_{10}\ 29$$

를 의미한다.

$\log\ 10=\log_{10}\ 10=1$이고 $\log\ 100=\log_{10}\ 100=2$이므로 $\log\ 29$는 1과 2사이의 값이다. 계산기를 활용하면 $\log\ 29$의 근삿값이 다음과 같음을 확인할 수 있다.

$$\log 29\approx 1.462397$$

이것은 $10^{1.462397}\approx 29$임을 의미한다.

예제 2

주 제	로그의 정의와 성질
문 제	실생활에서 소리의 크기를 말할 때 데시벨(dB)을 사용하는데, 이것은 귀를 통해 감각적으로 들리는 소리의 상대적 크기를 의미한다. 소리의 세기가 $I\,(W/m^2)$ 일 때, 소리의 크기는 $$dB = 10\log\frac{I}{10^{-12}}$$ 이다. 다음 물음에 답하시오.

❶ 일반 사무실의 소리의 세기가 $10^{-7}\,(W/m^2)$ 일 때, 일반 사무실의 소리의 크기는 몇 dB인지 구하시오.

주어진 식에 대입하면

$$dB = 10\log\frac{10^{-7}}{10^{-12}} = 10\log 10^5 = 50$$

따라서 일반 사무실의 소리의 크기는 $50\,dB$

❷ 한여름 밤의 매미 울음소리의 세기가 $10^{-4}\,(W/m^2)$ 일 때, 매미 울음소리의 크기는 몇 dB인지 구하시오.

주어진 식에 대입하면

$$dB = 10\log\frac{10^{-4}}{10^{-12}} = 10\log 10^8 = 80$$

따라서 매미 울음소리의 크기는 $80\,dB$

❸ 한여름 밤의 매미 울음소리의 세기가 일반 사무실의 소리의 몇 배인지 구하시오.

한여름 밤의 매미 울음소리의 세기는 일반 사무실 소음 세기의 1000배이다.

활동 2

주 제	로그의 정의와 성질
문 제	수용액에 존재하는 수소이온(H^{+})의 활동도를 pH라고 한다. 어떤 수용액의 pH는 수소이온의 농도가 $[H^{+}](mol/l)$일 때, $$\text{pH}=-\log[H^{+}]$$ 이다. 다음 물음에 답하시오.

❶ $[H^{+}]=2.8\times10^{-4}(mol/l)$ 농도의 H^{+}가 들어있는 오렌지주스의 pH를 구하시오.
(단, $\log2.8=0.4771$)

❷ $[H^{+}]=3.8\times10^{-7}(mol/l)$ 농도의 H^{+}가 들어있는 우유의 pH를 구하시오.
(단, $\log3.97=0.5988$)

❸ 어떤 수용액의 pH가 6.5일 때 이 수용액의 수소이온의 농도 $[H^{+}](mol/l)$를 구하시오.
(단, $\sqrt{10}=3.1623$)

문제 5

다음 중 로그방정식은 지수방정식으로, 지수방정식은 로그방정식으로 바꾸시오.

(1) $32 = 2^x$

(2) $10^{-4} = 0.0001$

(3) $\log_2 64 = 6$

(4) $s = \log_t N$

풀이

문제 6

다음 로그의 값을 계산하시오.

(1) $\log_{10} 1$

(2) $\log_2 2$

(3) $\log_2 \frac{1}{16}$

(4) $\log_3 (3\sqrt{3})$

(5) $\log_4 2$

(6) $\log_{10} 0.001$

풀이

문제 7

다음 식을 간단히 하시오.

(1) $\log_2 4 - 2\log_2 6 + 2\log_2 \sqrt{18}$

(2) $3\log_5 \sqrt[3]{2} + \log_5 \sqrt{250} - \frac{1}{2}\log_5 8$

(3) $2^{\log_2 5}$

(4) $\log_2 3 \cdot \log_3 4 \cdot \log_4 2$

풀이

(2) 로그함수와 그래프

임의의 지수함수 $f(x)=a^x\,(a>0,\ a\neq 1)$에 대해, 그 역함수를 밑이 a인 **로그함수**라고 부른다. 이 역함수의 그래프는 $y=a^x$의 그래프를 $y=x$ 그래프에 대해 대칭이동 시킨 그래프이다. 여기서 $x=a^y$일 필요충분조건은 $y=\log_a x$이다.

$$f(x)=a^x \text{의 역함수는 } f^{-1}(x)=\log_a x \text{이다}$$

❙ 정의 4.3.5

> 1이 아닌 양수 a가 주어져 있다고 하자. 양수 x를 $x=a^y$인 y로 대응시키는 함수를 $y=\log_a x$와 같이 표현하고 밑이 a인 **로그함수**(logarithmic function)라고 정의한다.

밑 a의 범위가 각각 $a>1$과 $0<a<1$일 때, 함수 $f(x)=a^x$와 $f^{-1}(x)=\log_a x$의 그래프는 다음과 같다.

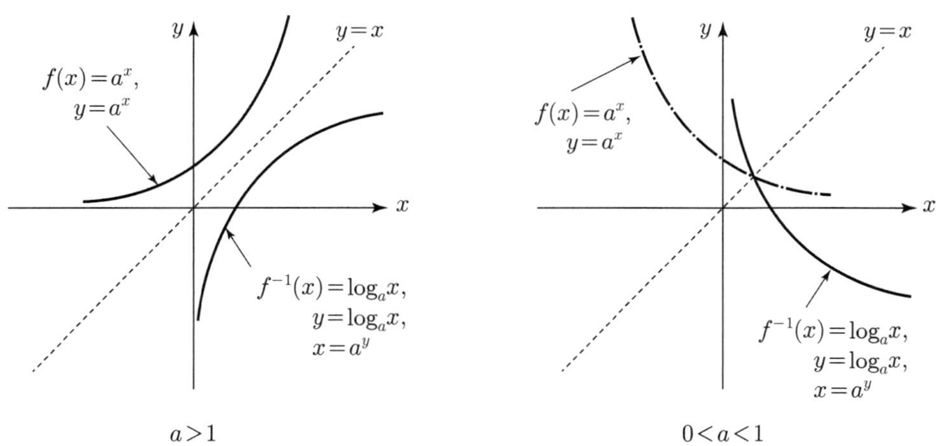

그림 4.4

예제 3

주 제	지수함수의 역함수
문 제	한 생물학자가 초기 단계에 있는 작은 종양을 발견하였다. 그 종양에 있는 세포의 개수 $f(t)$는 발견 직후부터 커져서 t주 후에는 다음과 같이 커진다는 사실을 알아냈다. $$f(t) = 3000 \times 10^{0.37t}$$ 이때, 세포의 개수가 5000000개가 되는 것은 몇 주 후인지 구하시오. (단, $\log 2 = 0.3, \log 3 = 0.48$ 로 계산한다.)

❶ $f(0)$를 계산하고 이것의 의미를 설명하시오.

주어진 식 $y = f(t)$에 $t = 0$을 대입하면 $f(0) = 3000 \times 10^0 = 3000$ 이다.

$t = 0$는 종양의 발견 직후 세포의 개수가 3000개임을 의미한다.

❷ 종양의 발견 직후부터, 세포의 개수가 5000000개가 되는 것은 몇 주 후인지 구하시오.

$f(t) = 500000$을 대입하면

$$500000 = 3000 \times 10^{0.37t}$$

$$\frac{500000}{3000} = 10^{0.37t}$$

양변에 상용로그를 취하면

$$\log\frac{500000}{3000} = \log 10^{0.37t}$$

$$\log\frac{10^3}{2 \times 3} = 0.37t$$

$$3\log10 - \log2 - \log3 = 0.37t$$

$$3 - 0.3 - 0.48 = 0.37t$$

$$t = 6$$

따라서 세포의 개수가 500000개가 되는 것은 6주 후이다.

예제 4

주 제	로그함수
문 제	어떤 음원에서 나오는 음향 출력이 xW일 때, 음향 파워 레벨 ydB은 다음과 같이 계산한다. $y = 10\log\frac{x}{k}$ (단, k는 기준 음향 출력을 나타내는 상수) 일반적으로 음향 출력이 $\frac{1}{10^4}W$일 때, 음향 파워 레벨은 $80dB$이라고 한다. 어떤 스피커에서 나오는 음향 출력이 $200W$일 때, 이 스피커의 음향 파워 레벨을 구하시오. (단, $\log 2 = 0.3$으로 계산한다.)

❶ 음향 출력 $x = \frac{1}{10^4}W$, 음향 파워 레벨 $y = 80dB$을 이용하여 기준 음향 출력을 구하시오.

$$80 = 10\log\frac{\left(\frac{1}{10^4}\right)}{k} = 10(\log 10^{-4} - \log k)$$

$$8 = -4 - \log k$$

$$-12 = \log k$$

$$k = 10^{-12}$$

❷ 음향 출력이 xW일 때, 음향 파워 레벨 ydB일 때, y를 x에 관한 식으로 나타내시오.

$$y = 10\log\frac{x}{10^{-12}}$$

❸ ❷의 식을 이용하여 음향 출력이 $200W$일 때, 이 스피커의 음향 파워 레벨을 구하시오.

$$y = 10\log\frac{200}{10^{-12}} = 10(\log 200 - \log 10^{-12})$$

$$= 10(\log 2 + \log 10^2 - \log 10^{-12})$$

$$= 10(0.3 + 2 + 12) = 143$$

스피커의 음향 파워 레벨은 $143dB$

문제 8

어느 작업장에 먼지의 양이 $1m^3$당 $a\mu g$이 되면 자동으로 시작하는 먼지 제거장치가 있다. 이 장치가 자동으로 가동되기 시작하고 t초 후 $1m^3$당 먼지의 양 $y=f(t)$는 다음과 같은 함수식으로 나타낼 수 있다.

$$y=f(t)=20+180\times 3^{-\frac{t}{256}}\,(\mu g/\mathrm{m}^3)$$

(1) 먼지 제거장치가 가동되기 시작하는 시점의 먼지의 양을 구하시오.

(2) 먼저 제거장치가 가동되기 시작하고 처음으로 $1m^3$당 먼지의 양이 $120\mu g$ 이하가 되는 시각을 구하시오. (단, $\log 2=0.3010, \log_3=0.4771$)

풀이

문제 9

어느 도시에서 사람들이 걷는 속도는 인구수와 관련된다. 대개 평균적인 걷기 속도 w(피트/초)는 인구수를 P(명)라고 할 때, 다음과 같은 함수식으로 계산될 수 있다.

$$w(P)=0.37\ \log_2 P+0.05$$

(1) 인구 2^{20}명이 살고 있는 도시에서 평균 걷기 속도를 구하시오.

(2) 어떤 도시의 평균 걷기 속도가 11.15(피트/초)였다면, 이 도시의 인구는 어느 정도가 되는지를 계산하시오.

풀이

4.4 EXCEL의 활용

1. 그래프 그리기

EXCEL을 이용하여 그래프를 그려보자.

❶ 자료

	x	-4	-3	-2	-1	0	1	2	3	4
일차함수	$2x$	-8	-6	-4	-2	0	2	4	6	8
	$-2x$	8	6	4	2	0	-2	-4	-6	-8
	x	-4	-3	-2	-1	0	1	2	3	4
이차함수	$2x^2$	32	18	8	2	0	2	8	18	32
	$-2x^2$	-32	-18	-8	-2	0	-2	-8	-18	-32

❷ 그래프 그리기

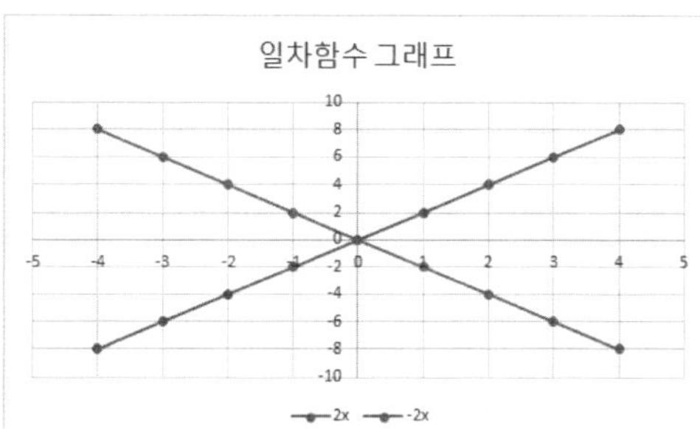

일차함수 그래프

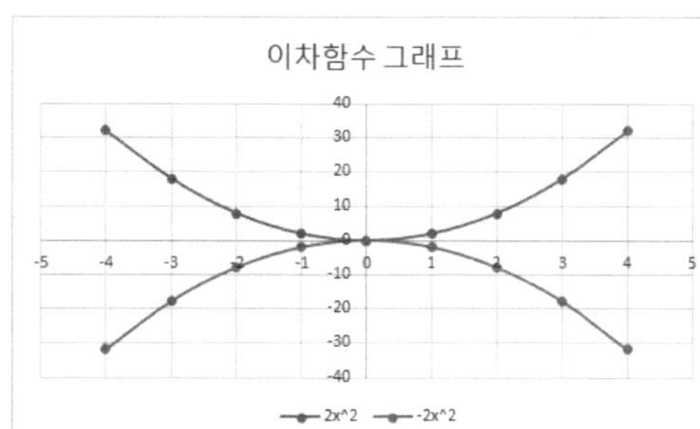

이차함수 그래프

준비된 자료에서 자료를 선택한 후 메뉴 표시줄에서 [삽입] → [차트]를 선택하면 대화상자가 나타나고 분산형에서 [곡선 및 표식이 있는 분산형]을 선택하면 위 그림과 같이 그래프를 얻을 수 있다.

2. 자료에 적합한 직선 찾기와 예측하기

EXCEL을 이용하여 자료에 적합한 일차함수 식을 구하고 미래의 값을 예측해보자.

❶ 자료

	A	B
1	년도	등록대수
2	2009	1733
3	2010	1794
4	2011	1844
5	2012	1887
6	2013	1940
7	2014	2012
8	2015	2099
9	2016	2180
10	2017	2253
11	2018	2320

❷ 산점도 그리기

준비된 자료에서 자료를 선택한 후 메뉴 표시줄에서 [삽입] → [차트]를 선택하면 대화상자가 나타나고 분산형을 선택하면 산점도를 얻을 수 있다.

❸ 추세선 구하기

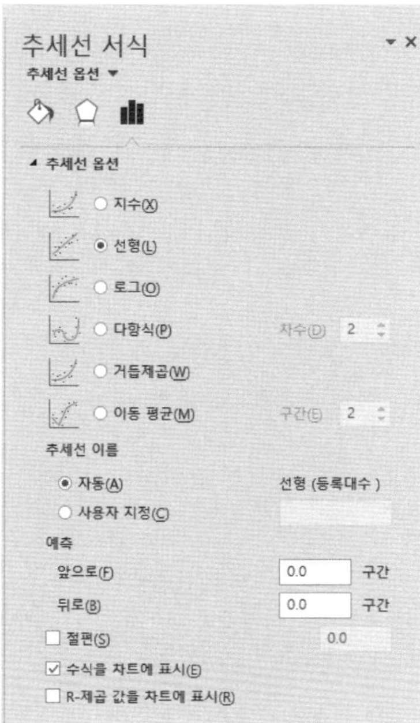

산점도에서 자료에 적합한 추세선을 구하기 위해서 산점도의 점에서 오른쪽 마우스로 클릭하면 나타나는 대화상자에서 [추세선 추가]를 선택한 후 해당되는 추세선 옵션을 선택하고 수식을 차트에 표시 하려면 [수식을 차트에 표시]를 체크한다.

❹ 자료에 적합한 식 구하기 결과

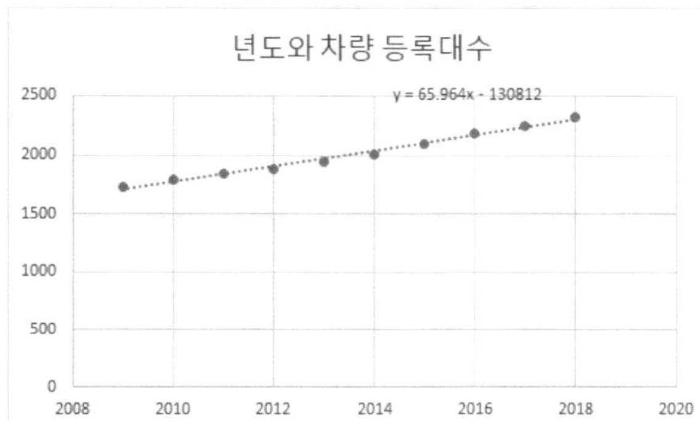

❺ 예측하기

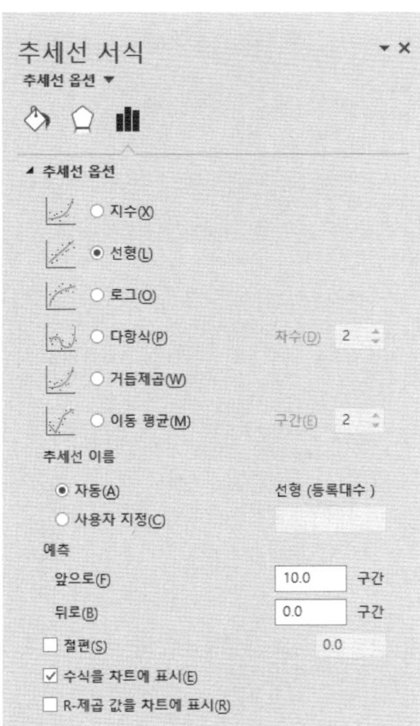

산점도에서 미래의 값을 예측하기 위해서 산점도의 점에서 오른쪽 마우스로 클릭하면 나타나는 대화상자에서 [추세선 추가]를 선택한 후 예측에서 구간값을 입력하면 된다. (위의 예 : 앞으로의 구간값에 10.0을 입력하면 2018년의 10년 후인 2028년의 차량 등록대수를 예측할 수 있다.)

❻ 예측하기 결과

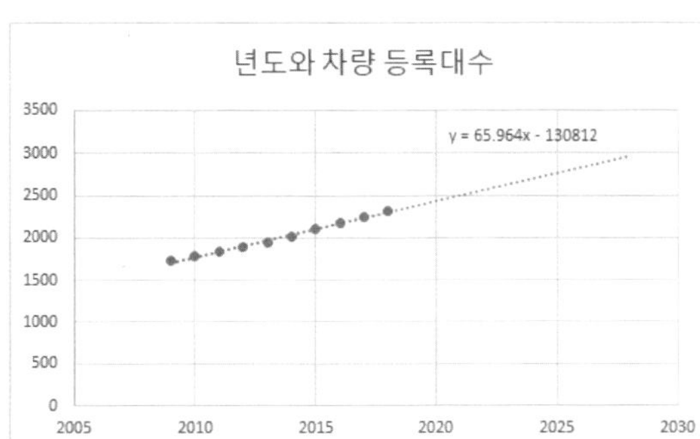

제5장 미분

사회 및 자연 현상의 변화를 다루는 수학적 도구로서 미분의 개념은 중요하다.

이 장에서는 자연과 사회에서 지속적으로 변화하는 현상을 이해하기 위해 한없이 가까워지는 현상과 관련된 무한의 개념을 직관적으로 이해하고, 순간적인 변화와 관련된 문제해결에서 활용되는 개념을 공부한다.

5.1 함수의 극한

학습목표

- 함수의 극한의 뜻을 알고, 그 성질을 이해할 수 있다.
- 함수의 극한값을 구할 수 있다.

1) 극한의 정의 및 성질

극한의 개념은 동적인 움직임에 대한 많은 정보를 준다. 특히 함수의 미분과 적분은 함수 극한의 개념을 사용하여 정의된다.

이 절에서는 함수 극한의 직관적인 정의와 그 성질을 알아보고자 한다.

I 정의 5.1.1 극한의 정의

함수 $f(x)$가 실수 a를 포함한 어떤 구간에서 a를 제외한 모든 x에 대하여 정의될 때, x가 a에 한없이 가까이 접근함에 따라서 함숫값 $f(x)$가 일정한 수 L에 한없이 가까이 갈 때, 함수 $f(x)$의 $x=a$에서의 극한값(limit)은 L이라 하고, 이것을

$$x \to a \text{일 때 } f(x) \to L, \text{ 또는 } \lim_{x \to a} f(x) = L$$

로 나타낸다.

이때, x의 값이 a보다 작으면서 a에 한없이 가까워질 때, $f(x)$의 값이 일정한 값 α에 가까워지면 α를 $x=a$에서의 함수 $f(x)$의 좌극한이라 하고, 기호로 $\lim_{x \to a^-} f(x) = \alpha$로 나타낸다.

또, x의 값이 a보다 크면서 a에 한없이 가까워질 때, $f(x)$의 값이 일정한 값 β에 가까워지면 β를 $x=a$에서의 함수 $f(x)$의 우극한이라 하고, 기호로 $\lim_{x \to a^+} f(x) = \beta$로 나타낸다.

참고 함수의 극한

$$\lim_{x \to a} f(x) = L \Leftrightarrow \lim_{x \to a^-} f(x) = L \text{이고 } \lim_{x \to a^+} f(x) = L$$

예제 1

주 제	연속인 점에서 극한 구하기
문 제	함수 $f(x) = x^2$ 일 때, $\lim_{x \to 1} f(x)$을 구하시오.

❶ x가 1에 한없이 가까워질 때 $f(x)$의 값의 변화를 살펴보시오.

[계산기 사용가능]

x	0.9	0.99	0.999	0.9999	$\cdots$	1	$\cdots$	1.0001	1.001	1.01	1.1	$\cdots$
$f(x)$	0.81	0.9801	0.998001	0.99980001	$\cdots$	1	$\cdots$	1.00020001	1.002001	1.0201	1.21	$\cdots$

❷ x가 1보다 작으면서 1로 가까워질 때 $f(x)$는 어떤 값에 가까워지는가?

x가 1보다 작은 방향에서 0.9, 0.99, 0.999, 0.9999로 1로 한없이 가까워질 때, $f(x)$는 0.81, 0.9801, 0.998001, 0.99980001로 1에 가까워진다.

❸ x가 1보다 크면서 1로 가까워질 때 $f(x)$는 어떤 값에 가까워지는가?

x가 1보다 큰 방향에서 1.1, 1.01, 1.001, 1.0001 로 1로 한없이 가까워질 때, $f(x)$는 1.21, 1.0201, 1.002001, 1.00020001 로 1에 가까워진다.

❹ 함수 $f(x)=x^2$의 그래프를 그려보고 $\lim_{x\to1}f(x)$를 예측하시오.

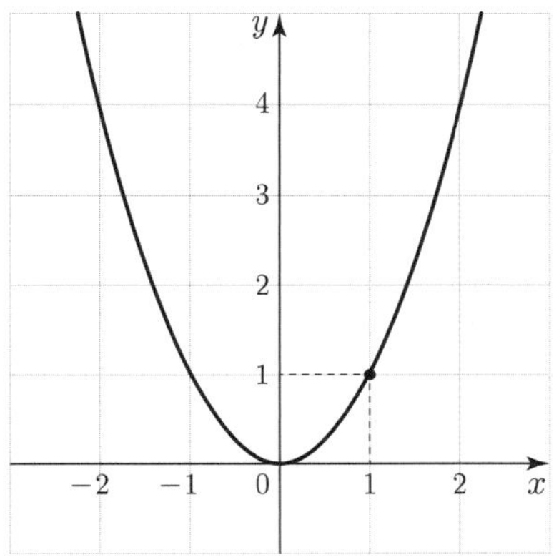

함수 $f(x)=x^2$에서 x가 1에 한없이 가까워질 때 x가 1보다 작은 방향과 1보다 큰 방향 모두 $f(x)$가 1로 가까워진다. 따라서 $\lim_{x\to1}f(x)=1$ 이다.

활동 1

주 제	불연속인 점에서 극한 구하기
문 제	함수 $f(x)=\dfrac{\lvert x\rvert}{x}$ 일 때, $\lim_{x\to0}f(x)$를 구하시오.

❶ x가 0에 한없이 가까워질 때 $f(x)$의 값의 변화를 살펴보시오.

[계산기 사용가능]

x	-0.1	-0.01	-0.001	-0.0001	⋯	0	⋯	0.0001	0.001	0.01	0.1	⋯
$f(x)$					⋯		⋯					⋯

❷ x가 0보다 작으면서 0으로 가까워질 때 $f(x)$는 어떤 값에 가까워지는가?

❸ x가 0보다 크면서 0으로 가까워질 때 $f(x)$는 어떤 값에 가까워지는가?

❹ 함수 $f(x)=\frac{|x|}{x}$의 그래프를 그려보고 $\lim_{x\to 0} f(x)$를 예측하시오.

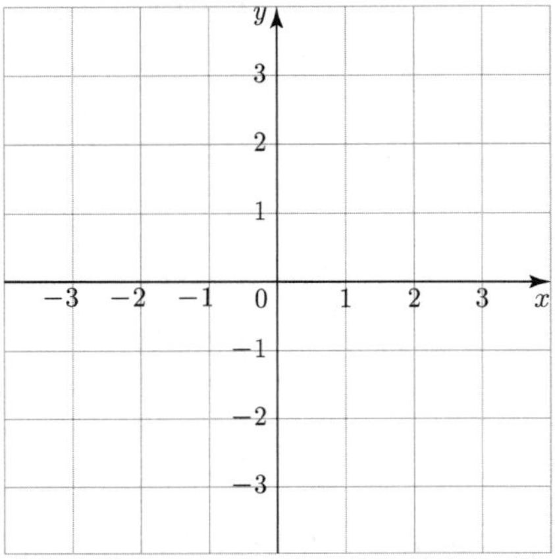

문제 1

현수는 매일 오전 7시부터 자정까지 항상 휴대전화를 충전한다. 휴대전화에 전기가 흐르지 않는 상태를 0, 전기가 흐르는 상태를 1이라 할 때, 시각 t에서의 전기의 흐름을 나타내는 함수 $f(t)$는 다음과 같다.

$$f(x)=\begin{cases} 0 & (0 \le t \le 19) \\ 1 & (19 \le t \le 24) \end{cases}$$

$\lim_{x\to 19^+} f(t)$와 $\lim_{x\to 19^-} f(t)$를 각각 구하시오.

풀이

다음은 잘 알려진 극한에 관한 정리이다.

정리 5.1.2

> c가 상수이고, $\lim_{x\to a} f(x)$, $\lim_{x\to a} g(x)$가 존재하면
>
> 1. $\lim_{x\to a}[f(x)+g(x)] = \lim_{x\to a} f(x) + \lim_{x\to a} g(x)$
> 2. $\lim_{x\to a}[f(x)-g(x)] = \lim_{x\to a} f(x) - \lim_{x\to a} g(x)$
> 3. $\lim_{x\to a}[c f(x)] = c\lim_{x\to a} f(x)$
> 4. $\lim_{x\to a}[f(x)g(x)] = \lim_{x\to a} f(x) \cdot \lim_{x\to a} g(x)$
> 5. $\lim_{x\to a} g(x) \neq 0$ 이면 $\lim_{x\to a}\frac{f(x)}{g(x)} = \frac{\lim_{x\to a} f(x)}{\lim_{x\to a} g(x)}$
>
> 이 성립한다.

예제 2

다음 함수의 극한을 구하시오.

(1) $\lim_{x\to 2}(x^2-5x+2)$ (2) $\lim_{x\to 3}\sqrt{x^2-1}$

(3) $\lim_{x\to 0}(3e^x+x)$ (4) $\lim_{x\to 4}\log_2(3x+4)$

풀이

(1) $\lim_{x\to 2}(x^2-5x+2) = 4-10+2 = -4$ (2) $\lim_{x\to 3}\sqrt{x^2-1} = \sqrt{3^2-1} = \sqrt{8} = 2\sqrt{2}$

(3) $\lim_{x\to 0}(3e^x+x) = 3$ (4) $\lim_{x\to 4}\log_2(3x+4) = \log_2(16) = 4$ ■

문제 2

다음 함수의 극한을 구하시오.

(1) $\lim_{x\to 3}(x^2-4x+7)$ (2) $\lim_{x\to 2}(x+1)(x^2-1)$

(3) $\lim_{x\to -2}\frac{x^2+5x-1}{x+3}$ (4) $\lim_{x\to 3}\left(1-\frac{3}{x-1}\right)$

풀이

2) 극한 계산

x가 a로 가까이 갈 때 함수의 분자와 분모가 0으로 가까이 가는 경우, 분수함수는 분자나 분모를 인수분해하고, 무리함수의 경우 유리화하여 공통인수를 약분한 다음 극한을 구하면 된다.

예제 3

주 제	$\frac{0}{0}$ 꼴의 유리함수의 극한 구하기
문 제	$\lim_{x \to 3} \frac{x^2 - 9}{x - 3}$를 구하시오.

❶ $\lim_{x \to 3}(x^2 - 9)$와 $\lim_{x \to 3}(x - 3)$을 각각 구하시오.

$\lim_{x \to 3}(x^2 - 9) = 0$이고, $\lim_{x \to 3}(x - 3) = 0$이다.

❷ 분자를 인수분해한 후 분모와 분자의 공통인수를 약분하여 극한을 구하시오.

$$\lim_{x \to 3} \frac{x^2 - 9}{x - 3} = \lim_{x \to 3} \frac{(x-3)(x+3)}{(x-3)}$$

$$= \lim_{x \to 3}(x + 3) = 6$$

❸ 함수 $f(x) = \frac{x^2 - 9}{x - 3}$의 그래프를 그려보고 $\lim_{x \to 3} f(x)$를 해석하시오.

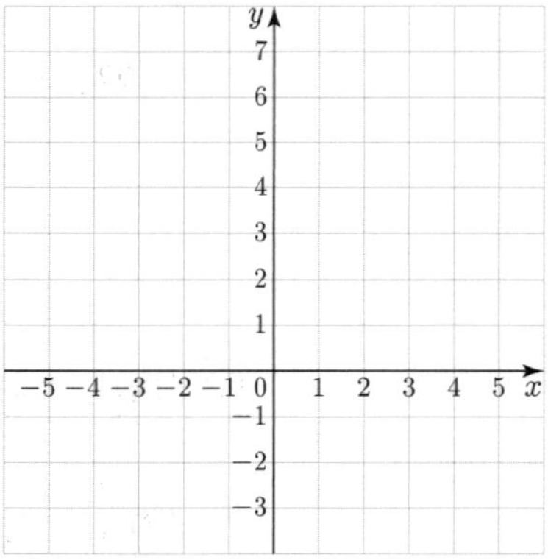

$x = 0$에서의 함숫값은 정의되지 않지만, x가 3으로 가까이 갈 때 함숫값은 6으로 가까이 가는 것을 확인할 수 있다.

활동 2

주 제	$\frac{0}{0}$ 꼴의 무리함수의 극한 구하기
문 제	$\lim_{x \to 1} \frac{\sqrt{x}-1}{x-1}$ 을 구하시오.

❶ $\lim_{x \to 1}(\sqrt{x}-1)$과 $\lim_{x \to 1}(x-1)$을 각각 구하시오.

❷ 분자를 유리화하시오.

❸ 분모와 분자의 공통인수가 있으면 약분한 후 극한을 구하시오.

x가 ∞로 가까이 갈 때 함수의 분자와 분모가 ∞가 되는 경우 함수의 극한을 구하기 위해 분수함수의 경우 분모의 최고차항으로 분자와 분모를 나눈 다음 극한을 구한다.

예제 4

주 제	$\frac{\infty}{\infty}$ 꼴의 유리함수의 극한 구하기
문 제	$\lim\limits_{x \to \infty} \frac{x^3 + x + 10}{x^3 - 5}$을 구하시오.

❶ $\lim\limits_{x \to \infty}(x^3 + x + 10)$과 $\lim\limits_{x \to \infty}(x^3 - 5)$를 각각 구하시오.

$\lim\limits_{x \to \infty}(x^3 + x + 10) = \infty$이고, $\lim\limits_{x \to \infty}(x^3 - 5) = \infty$이다.

❷ 분모의 최고차항으로 분모와 분자를 나누시오.

$$\lim_{x \to \infty} \frac{x^3 + x + 10}{x^3 - 5} = \lim_{x \to \infty} \frac{1 + \frac{1}{x^2} + \frac{10}{x^3}}{1 - \frac{5}{x^3}}$$

❸ $\lim\limits_{x \to \infty} \frac{x^3 + x + 10}{x^3 - 5}$을 극한의 성질을 이용하여 구하시오.

$$\lim_{x \to \infty} \frac{x^3 + x + 10}{x^3 - 5} = \lim_{x \to \infty} \frac{1 + \frac{1}{x^2} + \frac{10}{x^3}}{1 - \frac{5}{x^3}} = 1$$

활동 3

주 제	$\dfrac{\infty}{\infty}$ 꼴의 유리함수 극한 구하기
문 제	$\lim_{x \to \infty} \dfrac{x+3}{x^2+1}$을 구하시오.

❶ $\lim_{x \to \infty}(x+3)$과 $\lim_{x \to \infty}(x^2+1)$을 각각 구하시오.

❷ 분모의 최고차항으로 분모와 분자를 나누시오.

❸ $\lim_{x \to \infty} \dfrac{x+3}{x^2+1}$을 극한의 성질을 이용하여 구하시오.

문제 3

$\lim_{x \to \infty} \dfrac{x^2-x}{6x+5}$를 구하시오.

풀이

예제와 문제로부터 $\frac{\infty}{\infty}$ 꼴의 유리함수의 극한은 분자의 차수가 분모의 차수보다 크면 ∞ 또는 $-\infty$로 발산하고, 분자의 차수와 분모의 차수가 같으면 최고차항의 계수의 비로 수렴하며, 분모의 차수가 분자의 차수보다 크면 0으로 수렴함을 알 수 있다.

참고 함수의 극한 구하는 방법

$\frac{0}{0}$ 꼴의 유리함수의 극한 ⇨ 분자와 분모를 인수분해하여 약분한다.

$\frac{0}{0}$ 꼴의 무리함수의 극한 ⇨ 근호가 있는 부분을 유리화한다.

$\frac{\infty}{\infty}$ 꼴의 유리함수의 극한 ⇨ 분모의 최고차항으로 분자와 분모를 각각 나눈다.

예제 5

한국 영화에도 천만 명 이상의 관객을 동원하는 영화들이 제작되어 상영되고 있는데, 여기에는 광고가 큰 역할을 하고 있다. 일반적으로 광고비를 증가시키면 매출액도 일정액까지는 증가한다. 어느 영화의 개봉 후 1년간 소모되는 광고비 x(억 원)와 1년간 매출액 y(억 원) 사이에는

$$y = \frac{2310x^2 + 581x}{378x + 3x^2}$$

의 함수 관계가 성립한다고 한다. 광고비를 무한히 투자한다고 가정하여 매출액을 구하시오.

풀이 $$\lim_{x\to\infty} y = \lim_{x\to\infty} \frac{2310x^2 + 581x}{378x + 3x^2} = \lim_{x\to\infty} \frac{2310 + \frac{581}{x}}{3 + \frac{378}{x}} = \frac{2310}{3} = 770$$

따라서 매출액의 한계액은 770억 원이다. ■

문제 4

어느 공장에서는 친환경적인 공장 환경을 갖추기 위해 오염 정화시설을 새로 만들었다. 이 오염 정화시설이 오염물질 $x\%$가 되도록 하는 데 드는 비용을 $f(x)$라고 할 때,

$$f(x) = \frac{x^3 + 5x^2 + x + 1}{x^3 + x^2 + x} \text{(백만 원)}$$

이라고 한다. 오염물질을 거의 0%에 가깝게 하는 데 드는 비용을 구하시오.

풀이

5.2 함수의 미분

16, 17세기 과학자들은 두 가지 문제에 크게 관심을 가지고 있었다. 그 하나는 운동에 관한 것으로 물체의 순간속도에 관한 문제이고 또 다른 하나는 곡선의 접선에 관한 문제이다. 따라서 미분은 변화하는 여러 현상의 순간변화율을 수량화하는 것이다.

우리는 어떻게 곡선에 대한 접선의 기울기와 속도를 정의할 것인가를 알아보고 이를 통하여 도함수의 개념을 공부한다.

학습목표

- 접선의 기울기와 순간변화율을 이해할 수 있다.
- 미분계수의 개념을 이해하고, 이를 구할 수 있다.
- 도함수의 개념을 이해하고, 이를 구할 수 있다.
- 함수의 미분법을 알고, 다양한 함수의 도함수를 구할 수 있다.

---

1) 도함수

- 접선의 기울기

$y = \dfrac{x^2}{2}$ 위의 한 점 $P(1, \dfrac{1}{2})$에서 곡선에 접하는 직선의 방정식을 어떻게 구할 수 있는지 알아보자.

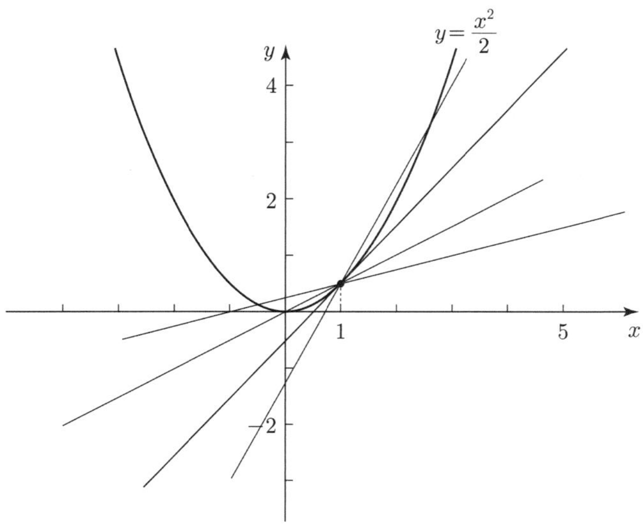

그림 5.1

직선의 방정식을 구하려면 최소한 직선 위의 두 점을 알아야 한다. 하지만 한 점 P만 알고 있으므로 곡선 위의 또 다른 한 점 Q를 잡아서 두 점을 지나는 직선 $\overleftrightarrow{PQ}$를 그려보면 Q가 곡선을 따라 P에 가까울수록 직선 $\overleftrightarrow{PQ}$는 P에서의 접선 l에 수렴해 가는 것을 볼 수 있다. 즉 직선 $\overleftrightarrow{PQ}$의 기울기는 접선 l의 기울기로 수렴해 간다.

예를 들어 $Q(2,2)$이면 직선 $\overleftrightarrow{PQ}$의 기울기는

$$\frac{y\text{의 변화량}}{x\text{의 변화량}} = \frac{2-0.5}{2-1} = 1.5$$

이다.

다음은 $Q(x, \frac{x^2}{2})$에 따른 $\overleftrightarrow{PQ}$의 기울기 m을 계산한 표이다.

x	m	x	m
2	1.5	0	0.5
1.5	1.25	0.5	0.75
1.1	1.05	0.9	0.95
1.01	1.005	0.99	0.995

우리는 점 Q가 곡선을 따라 점 P에 가까이 갈수록 직선 $\overleftrightarrow{PQ}$의 기울기가 1에 가까이 감을 알 수 있다. 따라서 P에서 접선의 방정식은 $y-\frac{1}{2}=x-1$ 즉 $y=x-\frac{1}{2}$이다.

점 $P(a, f(a))$에서 곡선 $y=f(x)$의 접선은 $m=\lim_{x\to a}\frac{f(x)-f(a)}{x-a}$가 존재한다면, 점 P를 지나며 기울기가 m인 직선이다.

예제 1

주 제	접선의 방정식
문 제	점 $P(2, -4)$에서 $y=-x^2$의 접선의 방정식을 구하시오.

❶ 점 $P(2, -4)$에서 $y=-x^2$ 의 접선의 기울기를 구하시오.

점 P에서 접선의 기울기는

$$\begin{aligned}\lim_{x\to 2}\frac{f(x)-f(2)}{x-2} &= \lim_{x\to 2}\frac{-x^2-(-4)}{x-2} = \lim_{x\to 2}\frac{-x^2+4}{x-2} \\ &= \lim_{x\to 2}-(x+2) = -4\end{aligned}$$

❷ 기울기가 -4이고 한 점$(2, -4)$를 지나는 직선의 방정식을 나타내시오.

$y-(-4)=(-4)(x-2)$이므로 $y=-4x+4$이다.

문제 1

$y = 2x^2$일 때, (1, 2)에서의 접선의 방정식을 구하시오.

풀이

• **평균속도와 순간속도**

모든 자연 현상과 사회 현상은 변한다. 이러한 변화의 순간변화율을 어떻게 측정할 수 있는지 알아보자.

직선 운동을 하는 물체의 시간 t에서의 위치를 $s(t)$라 하고 이로부터 h시간 후의 위치를 $s(t+h)$라 하면 물체의 위치의 변화량은 $s(t+h)-s(t)$이다.

따라서 시간 구간 $[t, t+h]$동안 물체의 **평균속도**는 다음과 같다.

$$v = \frac{\text{위치의 변화량}}{\text{걸린 시간}} = \frac{s(t+h)-s(t)}{h}$$

물체의 운동을 나타내는 데 평균속도도 유용성은 있지만 특정 순간의 속도를 나타내지는 못한다. 예를 들어 집에서 학교까지 등교할 때, 걸어서 오거나, 차를 타고 오거나 일정한 속도를 유지하는 것은 매우 어려운 일이다. 또는 건물 옥상에서 떨어뜨린 공의 속도는 점점 빨라진다. 지면에 도착하는 순간의 속도는 어떻게 구하면 좋을까?

어느 한 지점을 통과하는 순간의 속도를 구하려면 움직인 거리와 시간을 계산하기 어려우므로 우리는 그 지점 근방에서의 평균속도를 구한다. 시간 구간이 짧아질수록 평균속도는 순간속도에 접근하므로 순간속도는 평균속도의 극한으로 정의한다.

즉 $v(t_0) = \lim_{h \to 0} \frac{s(t_0+h)-s(t_0)}{h}$는 $t = t_0$에서의 **순간속도**를 의미한다.

또한 속도함수 $v(t)$의 t_0에서의 속도

$a(t_0) = \lim_{h \to 0} \frac{v(t_0+h)-v(t_0)}{h}$를 $t = t_0$에서의 **가속도**라 한다.

예제 2

주 제	평균속도, 순간속도, 가속도 구하기
문 제	진공 속에서 어떤 낙하하는 물체가 t초 동안에 $s(t) = 16t^2$ m 낙하한다고 할 때, 평균속도와 순간속도를 구하시오.

❶ 시간 구간 $[4, 6]$, $[5, 6]$에서의 평균속도를 구하시오.

시간 구간 $[4, 6]$에서 평균속도 $\dfrac{16 \cdot 6^2 - 16 \cdot 4^2}{6-4} = 160\,\text{m/s}$

시간 구간 $[5, 6]$에서 평균속도 $\dfrac{16 \cdot 6^2 - 16 \cdot 5^2}{6-5} = 176\,\text{m/s}$

❷ $t = 6$에서의 순간속도를 구하시오.

$$v(6) = \lim_{h \to 0} \frac{s(6+h) - s(6)}{h} = \lim_{h \to 0} \frac{16(6+h)^2 - 16 \cdot 6^2}{h} = 192\,\text{m/s}$$

문제 2

20 m 높이의 건물에서 공을 8 m/s의 속도로 공중에 던졌을 때, t초 후의 높이는 $h(t) = 20 + 8t - 5t^2$이다. 다음 조건에서의 평균속도와 순간속도를 구하시오.

(1) t가 $[1, 2]$구간에서 평균속도를 구하시오.

(2) $t = 2$일 때 순간속도를 구하시오.

풀이

• 평균변화율과 순간변화율

$f(t)$가 시간 t에 따라 변화하는 양이라 하자. 시간 구간 $[t, t+h]$에서 f의 평균변화율은

$$f\text{의 } \textbf{평균변화율} = \frac{f\text{의 변화량}}{t\text{의 변화량}} = \frac{f(t+h)-f(t)}{h}$$

이다.

시각 t에서의 **순간변화율**은 시간 구간 $[t, t+h]$에서 $h \to 0$일 때 평균변화율의 극한

$$\lim_{h \to 0} \frac{f(t+h)-f(t)}{h}$$

으로 정의한다.

순간변화율 형태의 식은 과학, 공학, 경제 등의 분야에서 자주 나타난다. 이러한 형태의 극한을 표현하는 수학적 명칭과 기호를 부여한다.

❙ 정의 5.2.1

함수 $y = f(x)$가 $x = a$를 포함하는 어떤 정의역에서 정의되었다고 하자. 극한값 $\lim_{x \to a} \frac{f(x)-f(a)}{x-a}$가 존재하면 이 극한값을 $x = a$에서의 **미분계수(derivative)**라고 하고 $f'(a)$로 표시한다. 이 식에서 $x - a = h$라고 하면 다음과 같이 나타낼 수도 있다.

$$\begin{aligned} f'(a) &= \lim_{h \to 0} \frac{f(a+h)-f(a)}{h} \\ &= \lim_{x \to a} \frac{f(x)-f(a)}{x-a} \end{aligned}$$

미분계수 $f'(a)$는 $x = a$에서의 함수 $y = f(x)$의 순간변화율과 같은 의미를 나타낸다.
함수 $y = f(x)$가 a 근방에서 정의되고 미분계수

$$f'(a) = \lim_{h \to 0} \frac{f(a+h)-f(a)}{h}$$

가 존재하면 함수 f는 $x = a$에서 미분가능하다고 정의한다.

| 정의 5.2.2

주어진 함수의 정의역 상의 모든 x값에서 미분가능하면 정의역 상의 각 x에 미분계수를 대응시키는 함수가 존재하는데 이를 함수 $f(x)$의 도함수라고 하고 $f'(x)$로 표현한다.

$$\begin{aligned} f'(x) &= \lim_{h\to 0}\frac{f(x+h)-f(x)}{h} \\ &= \lim_{t\to x}\frac{f(t)-f(x)}{t-x} \end{aligned}$$

이러한 도함수를 나타내는 기호로는 $f'(x)$, y', $\frac{dy}{dx}$, $D_x y$ 등을 사용한다.
또한, $y=f(x)$의 $x=a$에서의 순간변화율은 $f'(a)$ 또는 $\left.\frac{dy}{dx}\right|_{x=a}$ 로 표현한다.

함수 $f(x)=x^2$의 도함수를 구해보자.

$$f'(x)=\lim_{t\to x}\frac{f(t)-f(x)}{t-x}=\lim_{t\to x}\frac{t^2-x^2}{t-x}=2x$$

따라서 $f(x)$가 x시간 후의 물체의 이동거리(단위 m)를 나타내는 함수라면 5시간 후의 물체의 순간속도는 10m/h이고 10시간 후의 순간속도는 20m/h으로 시간이 지날수록 물체의 운동속도는 점점 빨라짐을 알 수 있다.

참고 평균변화율, 미분계수, 도함수의 정의와 기하적 의미

함수 $y=f(x)$에서

평균변화율 ⇨ $\dfrac{y\text{의 증가량}}{x\text{의 증가량}}=\dfrac{f(a+h)-f(a)}{h}$

(곡선 $y=f(x)$ 위의 $x=a$인 점과 $x=a+h$인 점을 지나는 직선의 기울기)

미분계수 ⇨ $f'(a)=\lim_{h\to 0}\dfrac{f(a+h)-f(a)}{h}$

(곡선 $y=f(x)$ 위의 $x=a$인 점에서의 접선의 기울기)

도함수 ⇨ $f'(x)=\lim_{h\to 0}\dfrac{f(x+h)-f(x)}{h}$

(곡선 $y=f(x)$ 위의 점 $(x, f(x))$에서의 접선의 기울기)

예제 3

$f(t)=6t^2-48t+1500$ 은 시간 t에서 금 가격을 나타내는 함수이다. $t=3$일 때 금 가격의 순간변화율을 구하시오.

풀이

$t=3$에서의 순간변화율은

$$
\begin{aligned}
&\lim_{h\to 0}\frac{f(3+h)-f(3)}{h}\\
&=\lim_{h\to 0}\frac{\{6(3+h)^2-48\cdot 3+1500\}-\{6\cdot 3^2-48\cdot 3+1500\}}{h}\\
&=-12
\end{aligned}
$$

이다. ■

문제 3

어느 회사에서 오전 8시를 기준으로 x시간 후의 전력 사용량을 $y\ kWh$라고 하면 x와 y 사이에는 $y=-(x-3)^2+164$인 관계가 성립한다고 한다. $x=5$일 때, 전력 사용량의 순간변화율을 구하시오. (단, $0\leq x\leq 15$)

풀이

예제 4

함수 $f(x)=\dfrac{1}{x}$의 $x=2$에서의 미분계수를 구하시오.

풀이

$$f'(2)=\lim_{h\to 0}\frac{\frac{1}{2+h}-\frac{1}{2}}{h}=\lim_{h\to 0}\frac{\frac{-h}{2(2+h)}}{h}=-\frac{1}{4}$$ ■

문제 4

수 a에서 함수 $f(x) = x^2 - 6x + 4$의 미분계수를 구하시오.

풀이

예제 5

함수 $f(x) = x^3$의 도함수를 구하시오.

풀이

$$f'(x) = \lim_{t \to x} \frac{f(t) - f(x)}{t - x} = \lim_{t \to x} \frac{t^3 - x^3}{t - x}$$

$$= \lim_{t \to x} \frac{(t - x)(t^2 + tx + x^2)}{t - x}$$

$$= \lim_{t \to x} (t^2 + tx + x^2) = 3x^2$$

■

문제 5

함수 $f(x) = \sqrt{x}$ 의 도함수를 구하시오.

풀이

2) 미분법

함수 $f(x)$에서 그 도함수 $f'(x)$를 구하는 것을 미분한다고 한다. 모든 함수를 도함수의 정의를 이용해서 구한다면 계산과정이 지루하고 많은 시간이 소요된다. 이러한 불편을 줄이기 위해 기본이 되는 함수의 도함수를 구하고, 이 기본함수의 도함수와 극한의 성질로부터 얻은 미분법에 대한 정리를 이용하여 많은 함수의 미분을 빠르고 정확하게 할 수 있다.

미분법 공식

$f(x), g(x)$가 미분가능한 함수이고, c가 임의의 상수일 때 다음이 성립한다.

$y = c$ (상수)이면 ⇨ $y' = 0$

$y = x^n$ (n은 0이 아닌 실수)이면 ⇨ $y' = n x^{n-1}$

$y = c f(x)$ (c는 상수)이면 ⇨ $y' = c f'(x)$

$y = f(x) \pm g(x)$이면 ⇨ $y' = f'(x) \pm g'(x)$

$y = f(x)g(x)$이면 ⇨ $y' = f'(x)g(x) + f(x)g'(x)$

$y = \dfrac{f(x)}{g(x)}$이면 ⇨ $y' = \dfrac{f'(x)g(x) - f(x)g'(x)}{g(x)^2}$

예제 6

다음 함수의 도함수를 구하시오.

(1) $f(x) = x^5$

(2) $f(x) = x^3 + x - 7$

(3) $f(x) = 2x^2 - 4x + 5$

(4) $f(x) = (3x+4)(5x^2-2)$

(5) $f(x) = \dfrac{x+3}{x^2+5}$

(6) $f(x) = \dfrac{1}{x^2}$

풀이

(1) $f'(x) = 5x^4$

(2) $f'(x) = 3x^2 + 1$

(3) $f'(x) = 4x - 4$

(4) $$\begin{aligned} f'(x) &= (3x+4)'(5x^2-2) + (3x+4)(5x^2-2)' \\ &= 3(5x^2-2) + (3x+4)(10x) \\ &= 45x^2 + 40x - 6 \end{aligned}$$

(5) $f'(x)=\dfrac{(x+3)'(x^2+5)-(x+3)(x^2+5)'}{(x^2+5)^2}$

$=\dfrac{(x^2+5)-2x(x+3)}{(x^2+5)^2}$

$=\dfrac{-x^2-6x+5}{(x^2+5)^2}$

(6) $f'(x)=(-2)x^{-2-1}=(-2)x^{-3}=-\dfrac{2}{x^3}$ ■

문제 6

다음 함수의 도함수를 구하시오.

(1) $f(x)=x^{11}$

(2) $f(x)=x^2+x^{-2}$

(3) $f(x)=-3x^2+\dfrac{3}{x^6}$

(4) $f(x)=4x^3+7x^2-5x+1$

(5) $f(x)=(x^2+x+7)(x^3+5)$

(6) $f(x)=(x^8-5)(x^3+x+1)$

(7) $f(x)=\dfrac{2}{5x+3}$

(8) $f(x)=\dfrac{5x^4+x^2}{x^3+x}$

풀이

5.3 함수의 근사

곡선은 접점 근방에서 접선과 매우 가깝게 놓여 있다. 실제로 미분가능한 함수의 그래프 위의 한 점 부근을 확대하면 그래프가 점점 더 접선과 같아 보이는 것을 알 수 있다. 이는 함수의 근삿값을 구하는 방법의 근간이 된다.

함숫값 $f(a)$를 계산하는 것은 쉽겠지만, f의 근삿값을 구하는 것은 어렵거나 또는 불가능할 수도 있다, 따라서 점 $(a, f(a))$에서 f의 접선의 그래프를 갖는 일차함수의 값을 쉽게 계산할 수 있다면 문제를 해결할 수 있다.

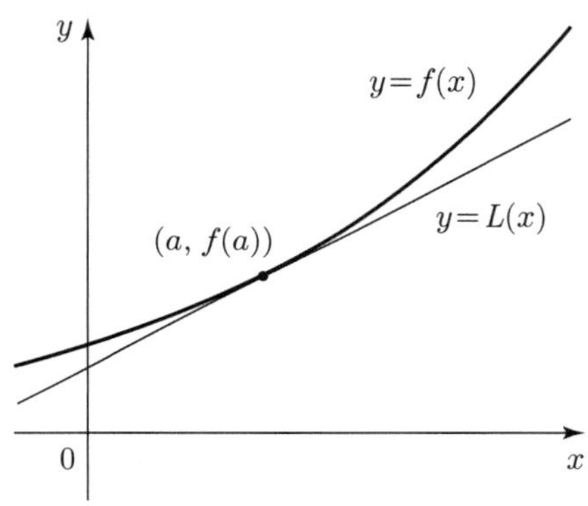

다시 말하면, x가 a에 가까이 있을 때 곡선 $y=f(x)$에 근사식으로써 점 $(a, f(a))$에서의 f의 접선을 이용한다. 이 접선의 방정식은

$$y = f(a) + f'(a)(x-a)$$

이고 근사식

$$f(x) \approx f(a) + f'(a)(x-a)$$

를 $x=a$에서 f의 일차 근사식 또는 접선 근사식이라 부른다. 이 접선을 그래프로 갖는 일차함수를 L이라 하면

$$L(x) = f(a) + f'(a)(x-a)$$

를 $x=a$에서 f의 선형화라고 부른다.

예제 1

주 제	함수의 근사와 근삿값 계산
문 제	$x=1$일 때 $f(x)=\sqrt{x+3}$의 선형화를 구하고, 이것을 이용하여 $\sqrt{3.98}$와 $\sqrt{4.05}$의 근삿값을 구하시오.

❶ $f(x)=\sqrt{x+3}$의 도함수를 구하시오.

❷ $x=1$에서 f의 일차 근사식을 구하시오.

❸ $x=1$일 때 $f(x)=\sqrt{x+3}$의 선형화를 구하시오.

❹ $\sqrt{3.98}$와 $\sqrt{4.05}$의 근삿값을 구하시오.

활동 1

주 제	함수의 근사와 근삿값 계산
문 제	$x=0$일 때 $f(x)=\sqrt{1-x}$의 선형 근사식을 구하여, 이것을 이용하여 $\sqrt{0.9}$와 $\sqrt{0.99}$의 근삿값을 구하시오.

❶ $f(x)=\sqrt{1-x}$의 도함수를 구하시오.

❷ $x=0$에서 f의 일차 근사식을 구하시오.

❸ $x=0$일 때 $f(x)=\sqrt{1-x}$의 선형화를 구하시오.

❹ $\sqrt{0.9}$와 $\sqrt{0.99}$의 근삿값을 구하시오.

5.4 EXCEL의 활용

1. 미분가능한 함수의 선형 근사

미분가능한 함수 $y=f(x)$가 주어졌을 때, $x=a$에서의 함수 $y=f(x)$의 선형 근사는 점 $(a,f(a))$에서의 접선의 방정식이다. 즉, 기울기가 $f'(a)$이고 $(a,f(a))$를 지나는 함수 $y-f(a)=f'(a)(x-a)$가 선형 근사이다. 따라서 a와 가까운 b에서의 함숫값 $f(b)$의 근삿값은 선형 근사를 이용하면 $f'(a)(b-a)+f(a)$이다.

EXCEL 환경에서 미분가능한 함수 $y=f(x)$에 대한 $x=a$ 근방의 $x=b$에서의 근삿값은 다음과 같이 구할 수 있다.

1) A1, B1, C1, D1, E1에 각각 문자로 'a', 'f(a)', 'f'(a)', 'b', 'f(b)의 근삿값'을 입력한다.
2) A2에 a의 값을 입력하자.
3) B2에 $f(a)$가 나타나도록 수식을 입력하자.
4) C2에 $f'(a)$가 나타나도록 수식을 입력하자.
5) D2에 b의 값을 입력하자.
6) E2에 '=C2*(D2-A2)+B2'를 입력하자. 그러면 E2의 값이 $f(b)$의 근삿값이다.

위의 방법에 따라 $f(x)=3x^3-2x+1$에 대하여 $f(1.01)$의 근삿값을 EXCEL 환경에서 구하면 다음과 같다.

1) A1, B1, C1, D1, E1에 각각 문자로 'a', 'f(a)', 'f'(a)', 'b', 'f(b)의 근삿값'을 입력하자.
2) A2에 '1'을 입력하자.
3) B2에 '=3*A2^3-2*A2+1'을 입력하자.
4) C2에 '=9*A2^2-2'를 입력하자.
5) D2에 '1.01'을 입력하자.
6) E2에 '=C2*(D2-A2)+B2'를 입력하자.

위의 절차에 따라 실행한 결과는 다음 그림과 같다.

E4

	A	B	C	D	E
1	a	f(a)	f'(a)	b	f(b)의 근삿값
2	1	2	7	1.01	2.07

$f(1.01)$의 근삿값

F6

	A	B	C	D	E
1	a	f(a)	f'(a)	b	f(b)의 근삿값
2	2	21	34	2.001	21.034

$f(2.001)$의 근삿값

2. 유한 개의 점이 주어졌을 때의 선형 근사

실생활에서 데이터는 주로 관측(관찰 또는 측정)을 통해 수집된다. 따라서 실생활의 데이터는 유한 개의 점으로 구성되어 있다. 유한 개의 점으로 구성되어 있을 때, 그 유한 개의 x의 값 중 하나인 a와 가까운 b에서의 함숫값을 근사하는 방법을 살펴보고자 한다.

미분가능한 함수 $y=f(x)$가 주어졌을 때, a, $f(a)$와 $f'(a)$를 이용하여 $f(b)$의 근삿값을 구하였다. 위의 유한 개의 점이 주어진 상황에서 a와 $f(a)$는 이미 알고 있으므로 $f'(a)$에 대응되는 값을 어떻게 구할지를 생각해 보아야 한다.

$f'(a)$의 정의는 $f'(a)=\lim\limits_{x\to a}\dfrac{f(x)-f(a)}{x-a}$이다. 하지만 만약 $y=f(x)$가 $x=a$에서 미분가능하다면 $\lim\limits_{h\to 0}\dfrac{f(a+h)-f(a-h)}{2h}=f'(a)$이다. 이 두 가지를 이용하여 $f'(a)$에 대응되는 값(이하 $f'(a)$의 근삿값이라 하자.)을 계산할 것이다.

a의 값에 따라 다음 세 가지 경우를 생각해보자.

1) a가 유한 개의 x값 중 가장 작은 값일 때

a보다 큰 최소의 x값을 c라 하면, $f'(a)$의 근삿값은 $\dfrac{f(c)-f(a)}{c-a}$이다.

2) a가 유한 개의 x값 중 가장 큰 값일 때

a보다 작은 최대의 x값을 d라 하면, $f'(a)$의 근삿값은 $\dfrac{f(a)-f(d)}{a-d}$이다.

3) 1) 또는 2)가 아닐 때

a보다 큰 최소의 x값을 c, a보다 작은 최대의 x값을 d라 하면, $f'(a)$의 근삿값은 $\dfrac{f(c)-f(a)}{c-a}$ 또는 $\dfrac{f(a)-f(d)}{a-d}$ 또는 $\dfrac{f(c)-f(d)}{c-d}$이 될 수 있다. 하지만 일반적으로 $f'(a)$의 근삿값으로 $\dfrac{f(c)-f(d)}{c-d}$을 가장 많이 사용한다.

EXCEL 환경에서 유한 개의 점 (x_1, y_1), (x_2, y_2), $\cdots$, (x_n, y_n)이 주어졌을 때, 각 점에서의 미분계수의 근삿값은 다음과 같이 구할 수 있다.

1) A1, B1, C1에 각각 문자로 'x', 'y', 'f'(x)의 근삿값'을 입력한다.
2) A2부터 An+1에 각각 x_1, x_2, ⋯, x_n의 값을 입력하자.
3) B2부터 Bn+1에 각각 y_1, y_2, ⋯, y_n의 값을 입력하자.
4) C2에 '=(B3-B2)/(A3-A2)'를 입력하자.
5) C3에 '=(B4-B2)/(A4-A2)'의 값을 입력하자.
6) C4부터 Cn까지 위와 같은 방법으로 입력하자. 이 경우에는 C3셀을 선택한 후, 직사각형의 오른쪽 아랫부분을 클릭한 채 Cn까지 드래그하면 같은 수식이 입력된다.
7) Cn+1에 =(Bn+1-Bn)/(An+1-An)에 해당하는 수식을 입력하자.

0부터 0.1까지의 11개의 x값과 각 x의 값에 대한 sin$x$의 값이 주어졌을 때, $f'(x)$의 근삿값을 위의 방법에 따라 EXCEL 환경에서 구하면 다음과 같다.

1) A1, B1, C1에 각각 문자로 'x', 'y', 'f'(x)의 근삿값'을 입력한다.
2) A2부터 A12에 각각 '0', '0.01', '0.02', ⋯, '0.1'을 입력하자.
3) B2에 '=sin(A2)'를 입력하자.
4) B3부터 B12까지 위와 같은 방법으로 입력하자. 이 경우에는 B2 셀을 선택한 후, 직사각형의 오른쪽 아랫부분을 클릭한 채 B12까지 드래그하면 같은 수식이 입력된다.
5) C2에 '=(B3-B2)/(A3-A2)'를 입력하자.
6) C3에 '=(B4-B2)/(A4-A2)'의 값을 입력하자.
7) C4부터 C11까지 위와 같은 방법으로 입력하자. 이 경우에는 C3 셀을 선택한 후, 직사각형의 오른쪽 아랫부분을 클릭한 채 C11까지 드래그하면 같은 수식이 입력된다.
8) C12에 '=(B12-B11)/(A12-A11)'에 해당하는 수식을 입력하자.

위의 절차에 따라 실행한 결과는 다음 그림과 같다.

	A	B	C
1	x	y	f'(x)의 근삿값
2	0	0	0.999983333
3	0.01	0.01	0.999933335
4	0.02	0.019999	0.999783343
5	0.03	0.029996	0.999533375
6	0.04	0.039989	0.999183453
7	0.05	0.049979	0.998733615
8	0.06	0.059964	0.998183903
9	0.07	0.069943	0.997534374
10	0.08	0.079915	0.996785093
11	0.09	0.089879	0.995936134
12	0.1	0.099833	0.995486745

$f'(x)$의 근삿값

C	D
f'(x)의 근삿값	f'(x)의 참값
0.999983333	1
0.999933335	0.99995
0.999783343	0.999800007
0.999533375	0.999550034
0.999183453	0.999200107
0.998733615	0.99875026
0.998183903	0.99820054
0.997534374	0.997551
0.996785093	0.996801706
0.995936134	0.995952733
0.995486745	0.995004165

$f'(x)$의 근삿값과 참값인 cos$x$

마지막으로 유한 개의 점으로 구성된 데이터에 대하여 유한 개의 x의 값 중 하나인 a와 가까운 b에서의 함숫값을 근사하는 방법을 생각해보자. a, $f(a)$의 값이 주어져 있으며, $f'(a)$에 대응하는 값을 구할 수 있으므로 $f(b)$의 근삿값은 $f'(a)(b-a)+f(a)$를 이용하여 구할 수 있다.

EXCEL 환경에서 유한 개의 점 (x_1,y_1), (x_2,y_2), $\cdots$, (x_n,y_n)이 주어졌을 때, b에서의 함숫값 $f(b)$의 근삿값은 다음과 같이 구할 수 있다.

1) A1, B1, C1, D1, E1에 각각 문자로 'a', 'f(a)', 'f'(a)의 근삿값', 'b', 'f(b)의 근삿값'을 입력한다.
2) A2에 주어진 b에 가까운 한 점 x_i의 값을 입력하자.
3) B2에 y_i를 입력하자.
4) C2에 $f'(x_i)$에 대응되는 값이 나타나도록 수식을 입력하자. 이때 $f'(x_i)$에 대응되는 값은 $i=1$이면 $\dfrac{y_2-y_1}{x_2-x_1}$이고, $i=n$이면 $\dfrac{y_n-y_{n-1}}{x_n-x_{n-1}}$이고, 그 외에는 $\dfrac{y_{i+1}-y_{i-1}}{x_{i+1}-x_{i-1}}$이다.
5) D2에 b의 값을 입력하자.
6) E2에 '=C2*(D2-A2)+B2'를 입력하자. 그러면 E2의 값이 $f(b)$의 근삿값이다.

위의 방법에 따라 5개의 데이터 $(1,2)$, $(2,4)$, $(3,5)$, $(4,7)$, $(5,1)$이 주어졌을 때, $f(3.01)$의 근삿값을 EXCEL 환경에서 구하면 다음과 같다.

1) A1, B1, C1, D1, E1에 각각 문자로 'a', 'f(a)', 'f'(a)의 근삿값', 'b', 'f(b)의 근삿값'을 입력하자.
2) A2에 '3'를 입력하자.
3) B2에 '5'를 입력하자.
4) C2에 '=(7-4)/(4-2)'를 입력하자.
5) D2에 '3.01'을 입력하자.
6) E2에 '=C2 * (D2-A2)+B2'를 입력하자.

위의 절차에 따라 실행한 결과는 다음 그림과 같다.

	A	B	C	D	E
1	a	f(a)	f'(a)의 근삿값	b	f(b)의 근삿값
2	3	5	1.5	3.01	5.015

$f(3.01)$의 근삿값

	A	B	C	D	E
1	a	f(a)	f'(a)의 근삿값	b	f(b)의 근삿값
2	1	2	2	0.99	1.98

$f(0.99)$의 근삿값

제6장 자료 요약

우리는 자료가 주어질 때 그 특성을 파악하여 전체적인 경향을 파악하거나 새로운 사실을 예측하기도 한다. 따라서 자료에 내포된 내용을 파악할 수 있도록 주어진 자료를 정리하고, 자료의 상태를 분석 및 해석하여 자료에 대한 특성을 파악할 필요가 있다.

이 장에서는 자료의 개요을 쉽게 파악하기 위해 표와 그림을 이용하여 자료를 요약하는 방법을 공부하고 자료의 대략적인 분포상태를 파악하기 위해 몇 개의 의미 있는 수치로 자료를 요약하는 방법을 공부하고자 한다.

6.1 자료 종류

자료를 정리하는 방법은 분석의 대상이 되는 자료의 종류에 따라서 달라진다. 따라서 이 절에서는 자료의 종류를 알고 자료를 구분하는 방법을 공부한다.

학습목표

- 자료의 종류를 이해할 수 있다.
- 질적 자료와 양적 자료를 구분할 수 있다.

자료는 일반적으로 질적 자료와 양적 자료로 구분할 수 있다.

질적 자료는 관측된 값이 몇 개의 범주로 나타내는 문자나 숫자로 표시된 자료로 범주형 자료라고도 한다.

예를 들어 어떤 상품의 전체 구매 고객 집단을 성별로 분류한다면 성별의 경우 남자, 여자로 남자 고객을 1, 여자 고객을 2라고 표시했더라도 1, 2는 단지 그 집단의 명칭을 대신했을 뿐, 그 수치로서의 의미가 없기 때문에 질적 자료이다. 그 외에도 질적 자료에는 직업, 지역, 종교 등이 있으며 건강 상태를 양호, 보통, 나쁨으로 표현하거나 연령을 20대, 30대, 40대 등으로 표현한다면, 이런 자료도 그 사람이 속한 범주를 나타낼 뿐 직접적인 수를 나타내지 않으므로 질적 자료가 된다.

그런데 위에서 언급한 질적 자료 중 직업, 지역, 종교는 순수하게 범주로서의 의미가 갖는데 반해 양호, 보통, 나쁨으로 조사된 건강 상태와 20대, 30대, 40대 등으로 수집된 연령은 범주 간에 크고 작음(또는 높고 낮음)이 존재하는데, 이처럼 자료 안의 정도의 변화 존재 여부에 따라 질적 자료는 명목형 자료와 순서형 자료로 구분할 수 있다.

양적 자료는 자료 자체가 크기, 무게, 개수 등과 같은 양을 나타내는 숫자로 표현된 자료로 수치형 자료라고도 한다.

예를 들어 성적의 경우 78, 89 등은 그 수 자체가 의미를 갖고 있기 때문에 양적 자료이다. 그 외에도 양적 자료에는 교통사고 건수, 자녀 수, 하루 컴퓨터 이용 시간 등이 있으며 우리가 관심이 있는 것이 관측된 값의 크기이므로 신장, 체중, 혈압 또한 양적 자료가 된다.

양적 자료도 질적 자료와 마찬가지로 관측한 값의 성질에 따라 다시 두 가지로 구분하는데, 교통사고 건수, 자녀 수와 같이 관측 가능한 값이 셀 수 있으면 이산형 자료로 신장, 체중과 같이 관측 가능한 값이 연속적이면 그 자료는 연속형 자료로 구분할 수 있다.

위에서 구분된 자료의 형태를 요약하면 다음과 같다.

질적 자료 (범주형 자료)	명목형 자료	성별, 직업, 지역, 종교
	순서형 자료	건강 상태, 연령대, 소득수준
양적 자료 (수치형 자료)	이산형 자료	성적, 교통사고 건수, 자녀 수
	연속형 자료	신장, 체중, 혈압

6.2 표와 그래프로 자료 요약

이 절에서는 자료의 개요를 쉽게 파악하기 위한 기법으로 표와 그림을 이용하여 자료를 요약하는 방법을 공부하고, 자료의 종류에 따라 자료를 정리, 요약하는 방법을 공부한다.

학습목표

- 질적 자료를 도수분포표로 정리하고 설명할 수 있다.
- 질적 자료를 막대그래프, 원그래프로 정리하고 설명할 수 있다.
- 양적 자료를 도수분포표로 정리하고 설명할 수 있다.
- 양적 자료를 히스토그램, 도수다각형으로 정리하고 설명할 수 있다.

1) 질적 자료 요약

질적 자료는 몇 개의 범주가 반복해서 나타나게 되고 각 관측값의 크기가 아니라 자료가 갖는 범주의 종류에 관심이 있으므로 질적 자료는 각 범주가 나타나는 횟수를 정리함으로써 질적 자료의 개요를 파악할 수 있다.

질적 자료에 대하여 각 범주에 속하는 관측값의 개수를 세어서 표로 요약하고 그림을 작성함으로써 전체에서 차지하는 각 범주의 비율을 파악하고 범주 간의 비교 등을 용이하게 할 수 있다.

A대학의 학생들은 학교의 특정 정책에 대해 의견이 찬성과 반대로 엇갈리고 있는 상황이다. A대학 학생 100명의 의견은 다음과 같다.

번호	의견	번호	의견	번호	의견	번호	의견	번호	의견
1	반대	21	반대	41	찬성	61	반대	81	찬성
2	반대	22	반대	42	찬성	62	반대	82	찬성
3	찬성	23	찬성	43	찬성	63	반대	83	반대
4	반대	24	찬성	44	반대	64	찬성	84	반대
5	반대	25	반대	45	찬성	65	찬성	85	반대
6	반대	26	찬성	46	반대	66	반대	86	반대
7	찬성	27	찬성	47	찬성	67	찬성	87	찬성

8	찬성	28	반대	48	찬성	68	반대	88	찬성
9	반대	29	반대	49	찬성	69	찬성	89	찬성
10	찬성	30	반대	50	찬성	70	반대	90	찬성
11	반대	31	반대	51	반대	71	반대	91	반대
12	찬성	32	반대	52	찬성	72	찬성	92	반대
13	찬성	33	반대	53	찬성	73	반대	93	반대
14	찬성	34	반대	54	찬성	74	반대	94	반대
15	반대	35	반대	55	반대	75	반대	95	반대
16	반대	36	찬성	56	찬성	76	찬성	96	찬성
17	반대	37	찬성	57	찬성	77	반대	97	찬성
18	찬성	38	찬성	58	반대	78	찬성	98	찬성
19	찬성	39	반대	59	반대	79	반대	99	반대
20	반대	40	반대	60	반대	80	반대	100	반대

(1) 도수분포표

위 자료는 질적 자료로 범주의 종류에 관심이 있으므로 각 범주가 나타나는 횟수와 전체에서 차지하는 각 범주의 비율을 파악하고자 한다. 이러한 자료는 도수분포표로 정리할 수 있다.

도수분포표는 질적 자료에서 범주와 그 범주가 나타나는 횟수와 전체에서 차지하는 비율을 나열한 표이다.

표 6.1 학교 정책지지 여부에 대한 도수분포표

학생 의견	도수(명)	상대도수
찬성	45	0.45
반대	55	0.55
전체	100	1.00

위 도수분포표의 내용을 보면, A대학 학생들은 학교의 특정 정책에 대해 응답자 100명 중 찬성이 45명(45%)이고, 반대가 55명(55%)으로 반대가 찬성보다 10명이 많은 것으로 나타났다.

참고 질적 자료 도수분포표 작성 방법

① 첫 번째 열에 모든 범주 나열
② 두 번째 열에 각 범주에 상응하는 도수 나열
③ 세 번째 열에 각 범주에 상응하는 상대도수 나열
④ 필요에 따라 각 범주에 다른 정보를 추가하여 나열

(2) 막대그래프와 원그래프

질적 자료가 주어질 때, 그림을 통해서 전체의 개요를 쉽게 파악할 수 있는데 이때 쓰이는 것이 막대그래프와 원그래프이다.

막대그래프는 질적 자료의 도수분포를 한눈에 비교할 수 있도록 각 자료의 값의 도수 또는 상대도수를 같은 폭의 막대로 나타낸 그래프로 각 범주 간의 도수를 비교하는 데 용이하다.

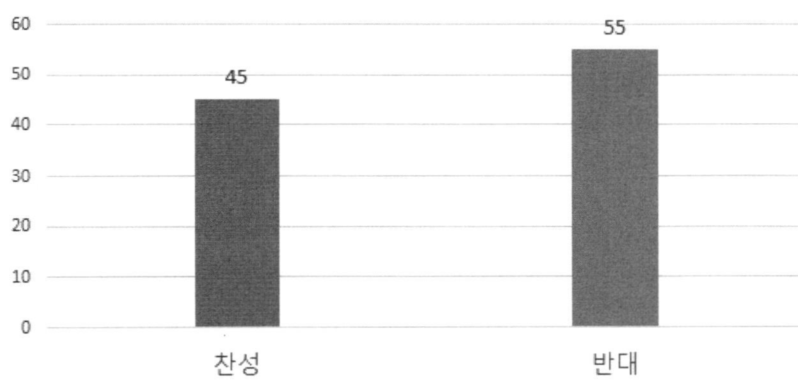

그림 6.1 학교 정책지지 여부에 대한 막대그래프

위 막대그래프를 보면 A대학 학생들은 학교의 특정 정책에 대해 반대가 찬성보다 많은 것으로 나타났다.

참고 질적 자료 막대그래프 작성 방법

① 그래프의 한 축에 범주 나열
② 또 다른 한 축에 도수에 대한 눈금 표시
③ 각 범주에 대하여 도수의 크기만큼 막대 표시
* 전체에서 각 범주가 차지하는 비율에 관심이 있으면 도수 대신 상대도수 사용할 수 있으며 그림 모양이 같게 되므로 왼쪽 수직축에는 도수, 오른쪽 수직축에는 상대도수를 표시하여 하나의 그림으로 나타낼 수 있음
④ 막대의 끝에 그 범주의 도수, 상대도수 등 표시

원그래프는 원을 각 범주의 상대도수에 비례하여 파이의 조각을 나눈 것과 같이 여러 조각으로 나누어 나타낸 그래프로 원그래프를 이용하면 전체에서 각 범주 또는 몇 개의 범주가 전체에서 차지하는 비율을 파악하기 쉽다.

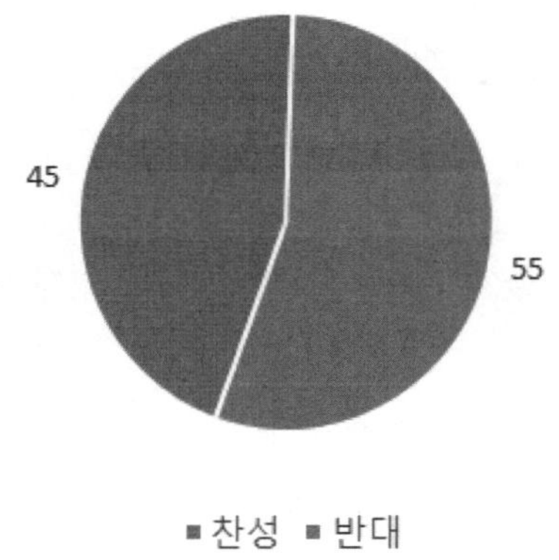

그림 6.2 학교 정책지지 여부에 대한 원그래프

위 원그래프를 보면, A대학 학생들은 반대의 의견을 가진 학생이 다수를 차지하고 찬성의 의견을 가진 학생이 소수인 것을 알 수 있다.

참고 질적 자료 원그래프 작성 방법

① 각 범주가 차지하는 각도 계산
원의 전체 각도는 360° 이므로 각 범주가 차지하는 각도는
360° × (각 범주의 상대도수)

② 먼저 원을 그리고 각 범주가 차지하는 각도로 중심각을 나누어 선을 그어 띠를 나눔

③ 각 범주별 원 위에 도수 또는 상대도수를 표시

예제 1

어느 대학 B학과의 60명 학생 혈액형 검사를 실시한 결과이다.

번호	혈액형	번호	혈액형	번호	혈액형	번호	혈액형	번호	혈액형
1	A	13	AB	25	A	37	AB	49	A
2	B	14	B	26	B	38	B	50	A
3	B	15	B	27	A	39	B	51	O
4	A	16	A	28	O	40	A	52	A
5	A	17	O	29	A	41	O	53	AB
6	O	18	B	30	A	42	A	54	A
7	A	19	A	31	B	43	O	55	O
8	AB	20	B	32	AB	44	A	56	B
9	O	21	B	33	A	45	AB	57	A
10	O	22	O	34	O	46	B	58	B
11	A	23	AB	35	B	47	A	59	B
12	B	24	B	36	A	48	O	60	A

(1) 도수분포표를 작성하고 이 표를 이용하여 자료를 설명하시오.

풀이

혈액형	도수(명)	상대도수
A	23	0.383
B	18	0.300
O	12	0.200
AB	7	0.117
전체	60	1

조사가 이루어진 60명 학생의 혈액형은 A형 23명, B형 18명, O형 12명, AB형 7명으로 혈액형별 분포는 A형 38.8%로 가장 많았으며 B형이 30%, O형이 20%, AB형이 11.7%의 순서로 나타났다.

(2) 도수분포표를 이용하여 막대그래프, 원그래프를 그리고 두 개의 그래프를 이용하여 자료를 설명하시오.

풀이

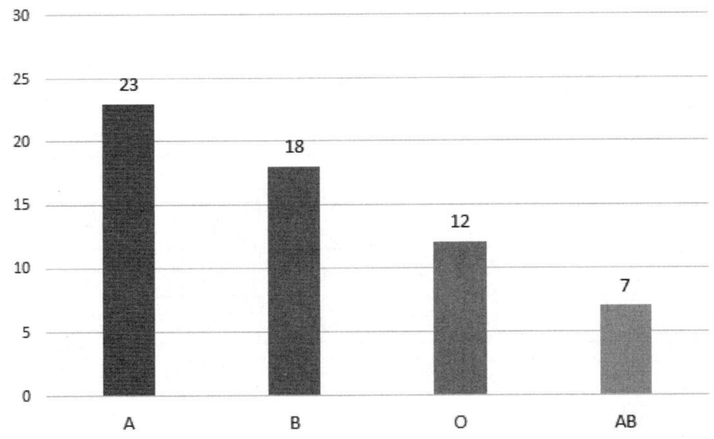

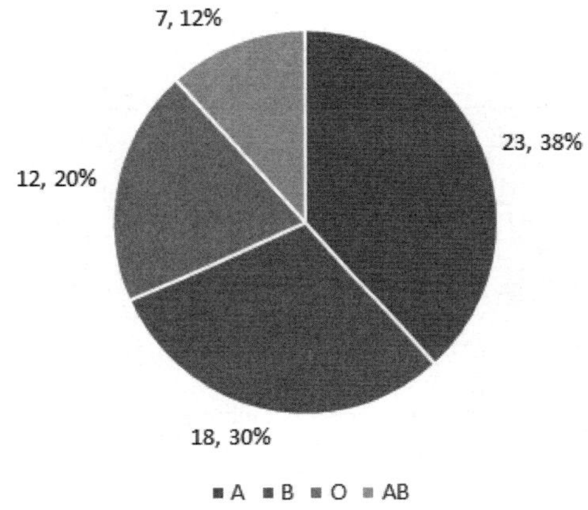

막대그래프를 보면 A형을 가진 학생 수가 가장 많고 다음으로 B형, O형 순으로 나타났으며 AB형을 가진 학생 수가 가장 적다는 것을 알 수 있다.

원그래프를 보면 A형 또는 B형을 가진 학생이 다수를 차지하고 있고 O형, AB형을 가진 학생은 소수인 것을 알 수 있다. ■

2) 양적 자료 요약

양적 자료도 질적 자료와 마찬가지로 도수분포표를 작성하여 개요를 파악할 수 있다. 하지만 양적 자료의 경우 관측값의 종류가 많기 때문에 질적 자료에서와 같은 도수분포표를 만들 수 없다. 양적 자료의 경우 모든 관측값을 포함하는 범위를 몇 개의 구간으로 나누어 그 구간에 포함되는 관측값의 개수를 세어 도수분포표를 작성하게 된다.

양적 자료에 대하여 모든 관측값을 포함하는 범위를 몇 개의 구간으로 나누어 그 구간에 포함되는 관측값의 개수를 세어서 요약하고 그림을 작성한다. 그리고 전체에서 차지하는 각 구간의 비율을 파악하고 구간 간의 비교 등 자료를 설명할 수 있다.

A대학에서는 학생들의 대학생활 만족도를 파악하여 학생들을 위한 프로그램을 개발하려고 한다. 대학생활 만족도는 100점 만점으로 조사하였으며 해당 대학의 학생 100명을 표본으로 추출하여 다음의 자료를 얻었다.

번호	만족도	번호	만족도	번호	만족도	번호	만족도	번호	만족도
1	35	21	69	41	27	61	49	81	79
2	32	22	75	42	45	62	50	82	79
3	31	23	15	43	46	63	50	83	80
4	30	24	15	44	47	64	51	84	22
5	25	25	22	45	45	65	52	85	83
6	41	26	23	46	81	66	53	86	84
7	7	27	24	47	80	67	52	87	35
8	17	28	33	48	79	68	9	88	47
9	18	29	34	49	14	69	48	89	85
10	20	30	35	50	17	70	49	90	83
11	8	31	35	51	82	71	54	91	66
12	9	32	36	52	8	72	53	92	77
13	13	33	37	53	43	73	56	93	75
14	14	34	26	54	44	74	56	94	76
15	62	35	27	55	49	75	59	95	77
16	63	36	39	56	48	76	59	96	60
17	63	37	39	57	47	77	60	97	56
18	65	38	38	58	49	78	61	98	52
19	67	39	29	59	44	79	76	99	92
20	66	40	29	60	42	80	77	100	93

(1) 도수분포표

일반적으로 양적 자료는 관측값의 종류가 많기 때문에 질적 자료에서와 같이 도수분포표를 만들 수 없다. 대신에 모든 관측값을 포함하는 범위를 몇 개의 구간으로 나누어 그 구간에 포함되는 관측값의 개수를 세어 도수분포표를 작성하게 된다. 이때 나뉘어진 각 부분을 계급이라고 하고 각 계급에 포함되는 값의 범위를 계급구간이라고 하고, 각 계급구간의 크기를 계급구간의 폭이라고 한다.

양적 자료에서 도수분포표는 각 계급에 해당되는 빈도와 전체에서 차지하는 비율을 나열하여 표를 작성한 것이다.

표 6.2 대학생활 만족도에 대한 도수분포표

구분	도수(명)	상대도수
6점 이상 ~20점 이하	14	0.14
21점~35점	19	0.19
36점~50점	24	0.24
51점~65점	19	0.19
66점~80점	16	0.16
81점~95점	8	0.08
합계	100	1.00

앞서 언급한 바와 같이 양적 자료는 관측된 값이 셀 수 있는 이산형 자료와 관측된 값이 연속적인 연속형 자료로 구분할 수 있다.

이산형 자료의 경우, 관측값의 종류가 많고 적음에 따라 요약하는 기법이 달라지는데, 보통 관측값의 종류가 적은 경우는 질적 자료를 요약하는 기법을 사용하고 관측값의 종류가 많은 경우는 아래 연속형 자료를 요약하는 기법을 사용한다.

연속형 자료의 경우, 모든 관측값을 포함하는 범위를 몇 개의 구간으로 나누어 그 구간에 포함되는 관측값의 개수를 세어 도수분포표를 작성하게 된다.

참고 연속형 자료 도수분포표 작성 방법

① 자료에서 최댓값과 최솟값을 찾아 자료의 범위 계산
② 자료의 범위를 계급의 개수를 고려하여 계급구간의 폭 계산
계급의 개수는 대략 5개에서 15가 정도 되도록 정함
③ 모든 관측값이 포함되도록 각 계급구간의 경계점 구함
④ 첫 번째 열에 모든 계급을 나열
⑤ 두 번째 열에 각 계급에 상응하는 도수 나열
⑥ 세 번째 열에 각 계급에 상응하는 상대도수 나열
⑦ 필요에 따라서 각 계급의 추가 정보 누적도수, 상대누적도수 등을 나열

(2) 히스토그램과 도수다각형

양적 자료가 주어질 때 전체의 개요를 쉽게 파악할 수 있는데 이때 쓰이는 대표적인 그래프가 히스토그램과 도수다각형이다.

양적 자료에서도 각 계급에 대하여 질적 자료에서의 막대그래프와 같은 모양의 그림을 그릴 수 있는데 이를 히스토그램이라고 부른다. 히스토그램을 통하여 각 계급구간 간의 도수를 비교하는 것 이외에도 계급구간에 따른 도수 변화의 경향, 즉 자료의 분포를 알 수 있다.

히스토그램은 양적 자료의 분포를 한 눈에 비교할 수 있도록 각 자료의 값을 계급으로 나누어 각 계급구간에 해당되는 도수 또는 상대도수를 막대로 나타낸 그래프이다.

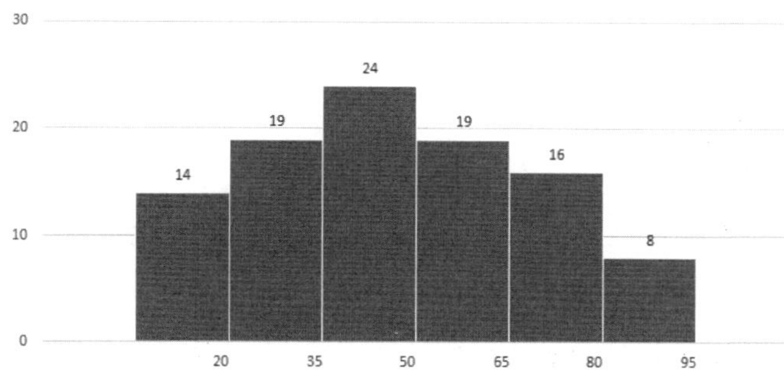

그림 6.3 대학생활 만족도에 대한 히스토그램

도수다각형은 히스토그램에서 각 계급구간의 막대 상단의 중앙점을 직선으로 연결하여 나타낸 그래프이다.

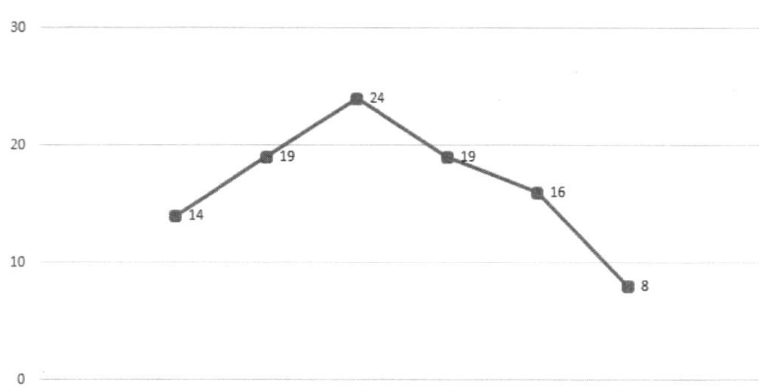

그림 6.4 대학생활 만족도에 대한 도수다각형

도수다각형은 히스토그램 위에 그리기도 하고 도수다각형만 그리기도 한다. 도수다각형을 이용하면 관측값의 집중된 위치, 집중된 정도, 치우친 정도, 꼬리의 두터움 등 분포의 상태를 히스토그램보다 쉽게 파악할 수 있다. 또한 관측값의 변화에 따라 도수 또는 상대도수의 변화를 잘 나타낸다.

예제 2

A대학 학생 36명의 신장을 측정한 결과가 다음과 같다.

번호	신장	번호	신장	번호	신장
1	167	13	171	25	162
2	166	14	186	26	172
3	159	15	170	27	165
4	178	16	168	28	178
5	176	17	154	29	170
6	169	18	172	30	169
7	163	19	174	31	183
8	166	20	160	32	149
9	181	21	162	33	168
10	182	22	161	34	178
11	172	23	175	35	171
12	156	24	147	36	164

(1) 계급의 수를 9로 하여 도수분포표를 작성하고 이 표를 이용하여 자료를 설명하시오.

풀이

구분	도수(명)	상대도수
146cm 이상 ~150cm 이하	2	0.056
151cm~155cm	1	0.028
156cm~160cm	3	0.083
161cm~165cm	6	0.167
166cm~170cm	9	0.250
171cm~175cm	7	0.194
176cm~180cm	4	0.111
181cm~185cm	3	0.083
186cm~190cm	1	0.028
합계	36	1.000

도수분포표를 보면 도수가 증가하였다가 감소하는 경향이 나타난다. 조사한 학생 36명의 키는 166cm와 170cm 사이에 가장 많이 몰려있고 다음으로 161cm와 165cm 사이, 그리고 171cm와 175cm 사이의 두 군데에 몰려 있는데 이 세 구간에 속한 학생의 비율은 0.611로 전체의 61.1%를 차지하고 있다.

(2) 도수분포표를 이용하여 히스토그램, 도수다각형을 그리고 두 개의 그래프를 이용하여 자료를 설명하시오.

풀이

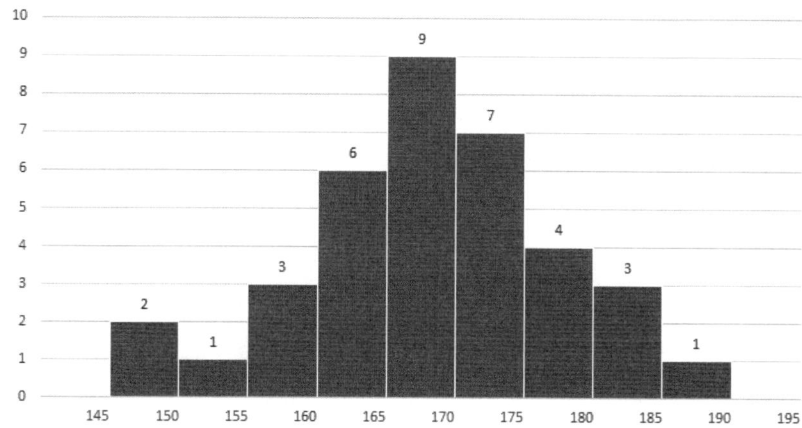

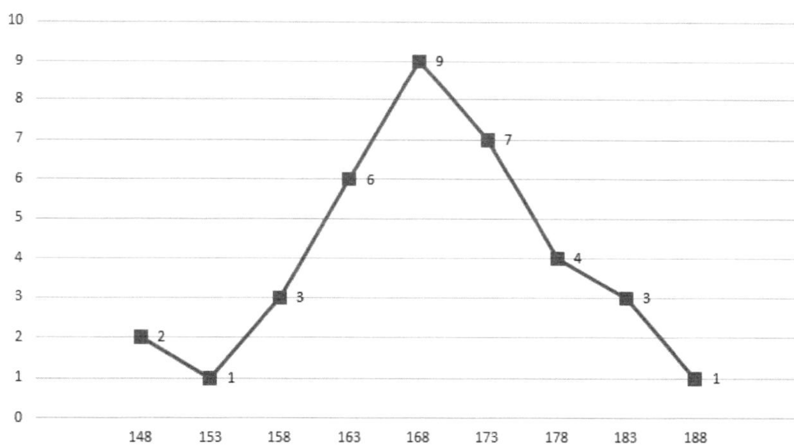

히스토그램를 보면 이 자료의 분포는 한 개의 봉우리를 가지고 있는 것을 알 수 있다. 166cm와 170cm 사이의 구간에 관측값이 가장 몰려 있다는 것을 알 수 있으며 다음으로 171cm와 175cm와 161cm와 165cm 사이 두 군데에 몰려 있는데 그 비율이 비슷하게 차지하고 있음을 알 수 있다.

도수다각형을 보면 자료의 분포가 한 개의 봉우리를 가지고 있으며 자료가 9개의 계급 중 중앙 즉, 5번째 계급에 관측값이 집중되어 있음을 히스토그램보다 좀 더 명확하게 알 수 있다. ■

예제 3

어느 학과의 52명 학생의 신장에 관한 자료를 남녀 구분하여 작성한 상대도수분포표가 다음과 같을 때, 주어진 표를 이용하여 도수다각형을 그리고 그래프를 이용하여 성별에 따른 신장 분포를 비교 설명하시오.

구분	남학생		여학생	
	도수	상대도수	도수	상대도수
151cm 이상~155cm 이하			1	0.042
156cm~160cm			6	0.250
161cm~165cm	1	0.036	11	0.458
166cm~170cm	5	0.179	6	0.250
171cm~175cm	11	0.393		
176cm~180cm	7	0.250		
181cm~185cm	4	0.143		
합계	28	1.000	24	1.000

풀이

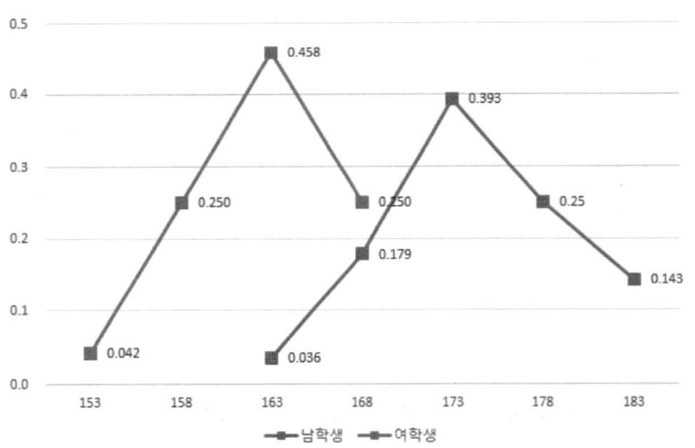

도수다각형을 보면 여학생에 대한 분포는 대체로 대칭에 가까운 분포를 가지고 있고 남학생에 대한 분포는 신장이 큰 쪽으로 약간 쏠려 있음을 알 수 있다. 또한 남학생의 신장이 여학생의 신장보다 평균적으로 10cm 크다는 것을 알 수 있다. ■

도수다각형은 여러 개의 자료를 비교하는 데도 유용하게 쓰인다. 히스토그램의 경우 여러 개의 자료의 히스토그램을 옆으로 나열하여 비교할 수 있지만 도수다각형의 경우에는 하나의 좌표에 여러 종류의 선으로 표시할 수 있으므로 비교하는 데 더 용이하다. 따라서, 여러 개 자료를 비교하기 위해서는 히스토그램보다는 도수다각형이 적당하다.

6.3 수치로 양적 자료 요약

지금까지 표나 그림으로 자료를 요약하여 관측된 자료의 분포 상태를 분석하는 방법을 다루었다. 그러나 표나 그림에 의한 자료를 분석할 때 작성자의 주관적 판단에 의해 달라지는 경우가 있다, 예를 들어 양적 자료를 도수분포표와 히스토그램으로 작성하는 경우 계급의 개수, 계급구간의 폭, 시작값 등에 따라 달라지는 경우가 있어 표와 그림을 통한 자료 분석은 객관성이 부족한 면이 있다. 이러한 단점을 보완하기 위해 우리는 획득한 자료에 대해서 몇 개의 수치로 요약하여 자료의 분포상태를 파악할 수 있는 방법을 고려하게 된다.

이 절에서는 양적 자료에 대해 그 자료의 분포상태를 파악할 수 있는 몇 개의 의미 있는 통계량을 계산하고 이를 이용하여 자료를 분석하는 방법을 공부한다. 특히 양적 자료 중 연속형 자료에 대해 그 자료가 어떤 값을 중심으로 분포되어 있는가를 나타내는 중심위치를 나타내는 값과 자료가 그 중심위치의 값으로부터 얼마나 흩어져 있는가를 나타내는 퍼짐 정도를 나타내는 값을 계산하고 이를 이용하여 자료의 분포 상태를 분석하는 방법을 공부한다.

학습목표

- 연속형 자료에 대한 중심위치 값과 중심위치 값으로부터 퍼짐 정도 값을 구하고 자료의 전체적인 경향을 분석할 수 있다.

세 집단에서 얻은 4개의 관측값이 다음과 같을 때, 세 집단을 표현해 줄 중심값에 대해서 알아보고 자료의 퍼짐 정도를 나타내는 값에 대해서 알아보자.

집단	관측값			
A집단	2	3	9	10
B집단	2	5	7	10
C집단	4	5	7	8

1) 중심 위치

자료의 전체적인 경향을 하나의 수로 나타낸 것을 그 자료의 중심이라고 한다. 중심을 나타내는 값으로는 평균, 중앙값, 최빈값이 있다.

평균은 중심값 중에서 가장 많이 사용하는 값으로 관측값의 합을 자료의 수로 나눈 값이다.

위 자료에서 각 집단의 관측값에 대한 평균은 다음과 같다.

집단	관측값				합계	평균
A집단	2	3	9	10	24	6
B집단	2	5	7	10	24	6
C집단	4	5	7	8	24	6

중앙값은 자료를 크기순으로 나열하였을 때 가운데에 나타나는 값으로 중앙값을 구하는 방법은 관측값의 크기순으로 배열하였을 때 자료의 개수가 홀수이면 가운데에 나타나는 값이고 자료의 개수가 짝수이면 가운데에 나타나는 두 값의 평균값이 된다.

위 자료에서 세 집단의 관측값의 개수가 모두 짝수이므로 중앙값은 가운데에 위치하는 관측값의 평균이 되어 중앙값은 다음과 같다.

집단	관측값				중앙값
A집단	2	3	9	10	$\frac{3+9}{2}=6$
B집단	2	5	7	10	$\frac{5+7}{2}=6$
C집단	4	5	7	8	$\frac{5+7}{2}=6$

최빈값은 자료 중에서 가장 자주 나타나는 값으로 최빈값은 질적 자료나 양적 자료 중 이산형 자료에서 흔히 사용되며 이때 최빈값은 관측값 중 도수가 가장 큰 값이다. 그러나 연속형 자료에서는 같은 값이 나오는 경우가 흔하지 않으므로 최대의 도수를 갖는 계급구간의 중간값이 최빈값이 된다.

중심을 나타내는 값으로 평균이 가장 많이 사용된다. 하지만 평균은 극단적으로 아주 큰 값이나 아주 작은 값에 영향을 많이 받는다. 반면에 중앙값이나 최빈값은 평균에 비해서 아주 큰 값이나 작은 값에 영향을 덜 받지만 중앙값은 가운데 위치한 관측값 이외의 관측값들에 대해서는 민감하지 않는 특징을 가진다. 최빈값은 질적 자료나 관측값의 종류가 많지 않은 이산형 자료인 경우에 중심값의 의미로 쓰인다. 연속형 자료인 경우 최대의 도수를 갖는 계급구간의 중앙값을 최빈값을 찾기 때문에 계급구간의 폭에 따라 최빈값이 달라질 수 있다.

2) 퍼짐 정도

위 자료에서 세 집단 모두 평균이 6이기 때문에 A, B, C 세 집단이 비슷한 집단이라고 생각된다. 그러나 세 집단의 평균이 같다는 것만으로 세 집단이 비슷한 집단이라고 보기는 어렵다.

세 집단의 각 4개의 관측값을 살펴보면 아래와 같이 표시할 수 있다. 세 집단의 자료를 살펴보면 A집단과 B집단은 C집단에 비해서 자료가 넓게 퍼져 있고, A집단과 B집단도 자료의 퍼진 정도가 달라 보인다. 따라서 세 집단이 비슷한 집단이라고 볼 수 없다.

A집단	*	*						*	*
B집단	*			*		*			*
C집단			*	*		*	*		
	2	3	4	5	6	7	8	9	10

자료를 요약할 때 자료를 대표하는 값 이외에 자료의 퍼짐의 정도에 대한 정보가 필요할 수 있다. 자료의 퍼짐이라는 말은 자료가 얼마나 흩어져 있는가를 의미하는 것으로 자료의 퍼진 정도를 나타내는 값으로는 범위, 분산, 표준편차가 있다.

범위는 관측값의 최댓값과 최솟값의 차이를 말한다.

집단	관측값				최댓값	최솟값	범위 [최댓값-최솟값]
A집단	2	3	9	10	10	2	8
B집단	2	5	7	10	10	2	8
C집단	4	5	7	8	8	4	4

A집단과 B집단의 범위는 8로 C집단의 범위 4보다 크다. 범위를 보면 A집단과 B집단의 퍼짐 정도가 같고 C집단은 다른 집단에 비해 퍼짐 정도가 작다. 그러나 앞서 살펴본 바와 같이 A집단과 B집단도 자료의 퍼짐의 정도가 다르다. A집단은 양 끝에 자료가 모두 몰려 있는 반면, B집단은 두 값은 양 끝에 다른 두 값은 가운데에 있다. 즉, 범위만으로는 A집단과 B집단 자료의 퍼짐 정도를 구분할 수가 없다.

범위는 간편하게 구할 수 있고 해석이 용이하다는 장점이 있으나 양 끝점에 의해서만 결정되기 때문에 중간에 위치한 관측값들이 얼마나 퍼져 있는가는 고려되지 않는 단점이 있다. 더욱이 매우 큰 값이나 작은 값이 있을 경우 그 값이 미치는 영향이 매우 클 수 있다. 따라서 퍼짐의 정도를 나타낼 수 있는 다른 값을 살펴보자.

자료의 퍼진 정도는 관측값이 중심에서 얼마나 멀리 떨어져 있는가를 알기 위한 것으로 각 관측값과 중심값과의 차이를 고려하는데 이때 관측값과 평균값과의 차이를 편차라고 부른다. 편차를 이용하여 퍼짐 정도를 나타낼 수 있다.

집단	관측값				편차 [관측값 - 평균]			
A집단	2	3	9	10	-4	-3	3	4
B집단	2	5	7	10	-4	-1	1	4
C집단	4	5	7	8	-2	-1	1	2

분산은 관측값과 평균값과의 차이의 제곱, 즉 편차의 제곱의 평균값이다. 관측값들이 넓게 퍼져 있으면 편차들의 값이 크고 따라서 분산이 크게 된다. 즉, 분산이 클수록 평균으로부터 넓게 퍼져 있다는 것을 알 수 있다.

집단	편차 제곱				합계	분산 [편차 제곱의 평균값]
A집단	16	9	9	16	50	12.5
B집단	16	1	1	16	34	8.5
C집단	4	1	1	4	10	2.5

표준편차는 분산의 제곱근 값이다. 표준편차는 각 관측값들이 평균으로부터 평균적으로 표준편차만큼 퍼져 있음을 의미한다. 따라서 실제 자료는 표준편차보다 더 많이 떨어져 있는 것도 있고 더 적게 떨어져 있는 것도 있다는 것을 의미한다.

집단	분산 [편차 제곱의 평균값]	표준편차 [분산의 제곱근 = $\sqrt{\text{분산}}$]
A집단	12.5	$\sqrt{12.5} \approx 3.54$
B집단	8.5	$\sqrt{8.5} \approx 2.92$
C집단	2.5	$\sqrt{2.5} \approx 1.58$

참고 평균, 표준편차를 이용한 양적 자료 표현

평균은 자료의 중심위치는 표준편차는 그 중심으로부터 자료가 퍼진 정도를 나타낸다. 따라서 실제 자료는 평균보다 크거나 작기 때문에 양적 자료를 표현할 때 평균±표준편차로 표현하기도 한다.

집단	관측값				자료 요약
A집단	2	3	9	10	6 ± 3.54
B집단	2	5	7	10	6 ± 2.92
C집단	4	5	7	8	6 ± 1.58

예제 1

대학교양수학 과목에서 8명의 학생의 점수가 다음과 같다.

80, 74, 92, 56, 90, 47, 99, 38

(1) 주어진 자료에 대하여 평균, 중앙값을 구하시오.

(2) 주어진 자료에 대하여 분산, 표준편차, 범위를 구하시오.

풀이

(1) 8명 학생 점수의 합이 576이고 학생 수가 8명이므로 학생들의 점수에 대한 평균은 72이다.

학생들의 점수를 낮은 점수부터 순서대로 배열을 하면 38, 47, 56, 74, 80, 90, 92, 99가 되고 관측값의 개수가 짝수이므로 중앙값은 가운데에 위치하는 74와 80의 평균 77이다.

(2) 8명 학생의 점수는 80, 74, 92, 56, 90, 47, 99, 38이고 평균이 72이므로 각각 점수의 편차는 8, 2, 20, -16, 18, -25, 27, -34가 된다. 분산은 편차의 제곱의 평균이므로 편차의 제곱을 계산하면 64, 4, 400, 256, 324, 625, 729, 1156이 되므로 분산은 $\frac{3558}{8} = 444.75$이다.

표준편차는 분산의 제곱근이므로 표준편차는 $\sqrt{444.75} = 21.09$이다.
8명 학생의 점수 자료에서 범위를 구하면 점수 중 최댓값이 99이고 최솟값이 38이므로 범위는 61이다. ■

6.4 두 개의 자료 요약

1) 두 질적 자료 요약

(1) 분할표

질적 자료를 분석하는 첫 번째 단계는 질적 자료에 해당되는 범주의 빈도와 비율을 계산하는 것이다. 하나의 질적 자료의 빈도와 비율 계산 결과를 출력하기 위해서 도수분포표를 작성하게 되나 두 가지 이상의 변수에 대한 분석을 위해서는 분할표를 작성하게 된다.

분할표는 앞에서 소개한 도수분포표를 2차원으로 확장한 형태로 한 자료에 대한 범주는 왼쪽에, 또 다른 자료에 대한 범주는 위쪽에 표시하고, 두 자료의 범주들이 교차하는 칸(cell)마다 각 변수의 범주를 동시에 갖는 관측값들의 수를 그 칸의 도수로 기록한 표이다.

분할표에서는 필요에 따라 여러 가지 값을 각 교차하는 칸에 표시할 수 있는데 그 중 하나가 상대도수이다. 또한 주어진 자료와 자료 분석의 목적에 따라 분할표로 요약하는 방법은 여러 가지가 있을 수 있다.

예제 1

A대학 대학교양수학 과목을 수강한 학생의 성별과 학년, 전공을 나타낸 자료이다.

구분	성별	학년	전공	구분	성별	학년	전공
1	여	2	법학	26	남	4	경영학
2	남	2	물리학	27	남	2	원예학
3	남	1	법학	28	남	1	물리학
4	여	4	경영학	29	여	2	법학
5	여	1	물리학	30	여	3	경영학
6	여	2	경영학	31	여	3	물리학
7	남	2	원예학	32	남	1	원예학
8	여	1	경영학	33	남	4	물리학
9	남	2	원예학	34	남	1	법학
10	여	2	법학	35	남	2	물리학
11	남	2	경영학	36	여	1	경영학
12	남	2	물리학	37	남	2	원예학

13	여	3	원예학	38	남	3	물리학
14	남	1	물리학	39	여	1	법학
15	남	2	경영학	40	남	1	물리학
16	남	2	경영학	41	남	2	원예학
17	남	1	원예학	42	남	2	물리학
18	남	2	경영학	43	여	3	법학
19	여	3	물리학	44	남	3	경영학
20	남	1	법학	45	여	3	물리학
21	여	1	물리학	46	여	1	원예학
22	여	3	경영학	47	여	2	법학
23	남	1	물리학	48	남	3	경영학
24	남	2	법학	49	남	2	경영학
25	남	4	원예학	50	여	2	법학

(1) 성별과 전공분야를 해당 범주에 따라 정리한 결과가 다음과 같다. 주어진 자료에 대한 상대도수 분할표를 작성하고 자료를 설명하시오.

	경영학	물리학	법학	원예학	합계
남	8	10	4	8	30
여	6	5	7	2	20
합계	14	15	11	10	50

풀이

각 도수를 전체 수인 50으로 나누어 구한 상대도수 분할표는 다음과 같다.

	경영학	물리학	법학	원예학	합계
남	0.16	0.20	0.08	0.16	0.6
여	0.12	0.10	0.14	0.04	0.4
합계	0.28	0.30	0.22	0.20	1.0

A대학 대학교양수학 과목을 수강하는 학생의 경우 남학생이면서 물리학 전공 학생은 전체 50명 중 20%로 가장 많은 수가 대학교양수학 수업의 수강생임을 알 수 있으며 다음으로 남학생이면서 경영학 전공 학생과 원예학 전공 학생이 각각 16%로 많으며, 다음으로 여학생이면서 법학 전공, 여학생이면서 경영학 전공, 여학생이면서 물리학 전공인 학생이 각각 14%, 12%, 10% 였으며, 남학생이면서 법학 전공인 학생이 8%, 마지막으로 여학생이면서 원예학 전공 학생이 4%로 가장 적은 수가 대학교양수학 수강생임을 알 수 있다.

(2) 성별에 따른 전공분야의 상대도수 분할표가 다음(대학교양수학 수강학생의 전공에 대한 상대도수분포를 성별에 따라 따로 계산, 이를 위하여 남학생에 대한 도수를 전체 남학생 수 30으로 나누고, 여학생에 대한 도수를 전체 여학생 수 20으로 나누어 분할표를 작성)과 같은 경우 이 표를 이용하여 성별에 따른 전공분야를 비교 설명하시오.

풀이

	경영학	물리학	법학	원예학	합계
남	0.267	0.333	0.133	0.267	1.0
여	0.300	0.250	0.350	0.100	1.0
합계	0.280	0.300	0.220	0.200	1.0

성별에 따른 전공분야를 비교해보면 A대학 대학교양수학 과목을 수강하는 학생은 여학생의 법학전공 학생의 비율이 남학생의 법학 전공 학생의 비율보다 2.63배 정도 높으며 남학생 원예학 전공 학생 비율이 여학생 원예학 전공 비율보다 2.67배 정도 높은 것을 알 수 있다. ■

2) 두 양적(연속형) 자료 요약

(1) 산점도

두 연속형 자료의 경우에도 그림을 통해서 두 변수 간의 관계를 파악할 수 있는데 이때 쓰이는 그림이 산점도이다.

산점도는 두 변수 간의 관계를 알아보기 위해 두 변숫값을 나타내는 점을 도표에 나타낸 것으로 하나의 연속형 자료를 수평축에 놓고 다른 연속형 자료를 수직축에 놓은 후에 각 관측값의 순서쌍을 좌표 위에 표시함으로써 얻게 되는 그래프이다.

산점도는 두 개의 연속형 자료간의 관계를 시각적으로 대략 파악할 수 있으며 관측값들이 직선이나 곡선의 띠를 형성하고 있는지, 또는 특별한 경향이 없이 관측값들이 흩어져 있는지 등을 알 수 있다.

예제 2

연령과 소득에 관련성이 있는지 알아보기 위해서 다음과 같은 자료를 얻었다.

연령과 소득의 산점도를 다음 자료를 이용하여 설명하시오.

연령	30	31	40	35	36	42	30	45	27
소득(만원)	146	158	180	182	190	260	330	390	130

풀이

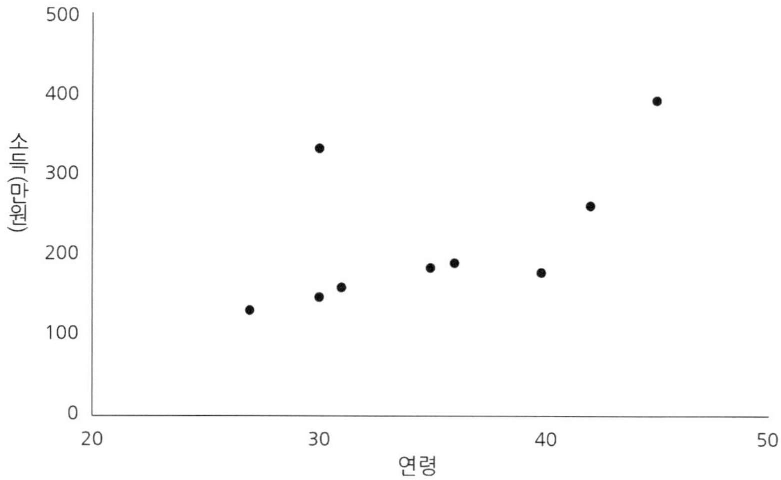

연령을 수평축으로 소득을 수직축으로 하여 관측값을 좌표 위에 표시하였다. 산점도를 보면 점들이 정확히 직선을 이루고 있지는 않지만 직선에 가까운 경향이 있음을 알 수 있으며 연령이 많은 사람이 소득이 많음을 알 수 있다. 한편, 전체적인 점들의 경향을 설명하는 직선을 그린다면 직선의 위쪽에 위치하는 한 점이 존재하는데 연령이 30대인 사람 중 급여가 높은 한 사람이 있음을 알 수 있다. ■

산점도를 통하여 두 연속형 변수 사이의 관계를 대략적으로 파악할 수 있다. 그러나 그림으로 요약하는 대부분의 방법이 그렇듯이, 산점도로부터 파악할 수 있는 관계는 객관성이 부족한 면이 있다. 예를 들어 동일한 크기의 좌표평면에서 좌표의 눈금을 변화시키면 두 변수의 관계가 다른 것처럼 보여질 수 있다.

(2) 상관계수

두 연속형 자료 사이의 관계를 수리적으로 파악하는 방법을 살펴보기로 하자. 산점도를 통하여 두 연속형 자료 사이의 관계를 시각적으로 파악할 때 많은 경우에 점들이 띠를 형성하듯이 몰려 있게 된다. 이때 띠의 형태는 직선, 곡선 등 여러 형태를 가질 수가 있는데 여기서 관심이 있는 경우는 직선의 형태이다. 산점도에서 점들이 얼마나 직선에 가까운가의 정도를 나타내는 데 쓰이는 값이 상관계수이다.

상관계수는 두 연속형 자료의 선형관계의 정도를 나타내는 값으로 그 정도를 판단하는 기준은 다음과 같다.

상관계수(r)	상관관계 강도
$-1 \le r < -0.7$	매우 강한 음의 선형관계
$-0.7 \le r < -0.3$	다소 강한 음의 선형관계
$-0.3 \le r < -0.1$	약한 음의 선형관계
$-0.1 \le r < 0.1$	거의 무시될 수 있는 선형관계
$0.1 \le r < 0.3$	약한 양의 선형관계
$0.3 \le r < 0.7$	다소 강한 양의 선형관계
$0.7 \le r \le 1$	매우 강한 양의 선형관계

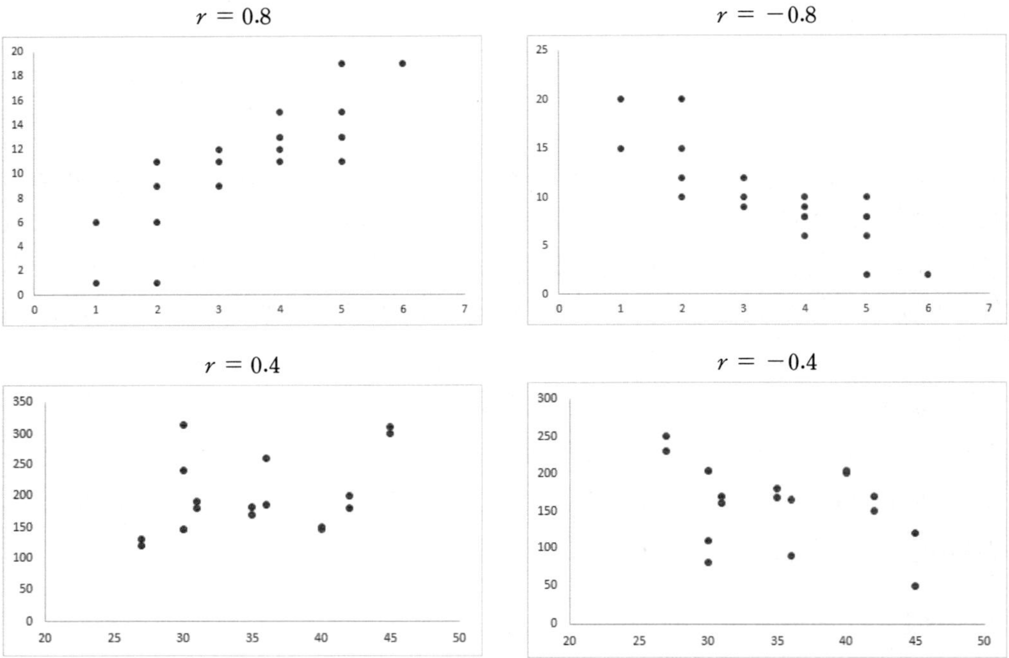

그림 6.5 산점도와 상관계수

6.5 EXCEL의 활용

1. 표와 그래프로 요약 : 질적 자료

EXCEL을 이용하여 질적 자료에 대한 도수분포표를 작성하고 막대그래프, 원그래프를 그려보자.

❶ 자료 준비

D30

	A	B
1	번호	의견
2	1	반대
3	2	반대
4	3	찬성
5	4	반대
6	5	반대
7	6	반대
8	7	찬성
9	8	찬성
10	9	반대
11	10	찬성
12	11	반대
13	12	찬성
14	13	찬성
15	14	찬성
16	15	반대
17	16	반대
18	17	반대
19	18	찬성
20	19	찬성
21	20	반대
22	21	반대
23	22	반대
24	23	찬성
25	24	찬성
26	25	반대
27	26	찬성
28	27	찬성
29	28	반대
30	29	반대
31	30	반대

첫 번째 행에 자료명 입력
두 번째 행부터 자료 입력

❷ (피벗테이블 이용)도수분포표 작성하기

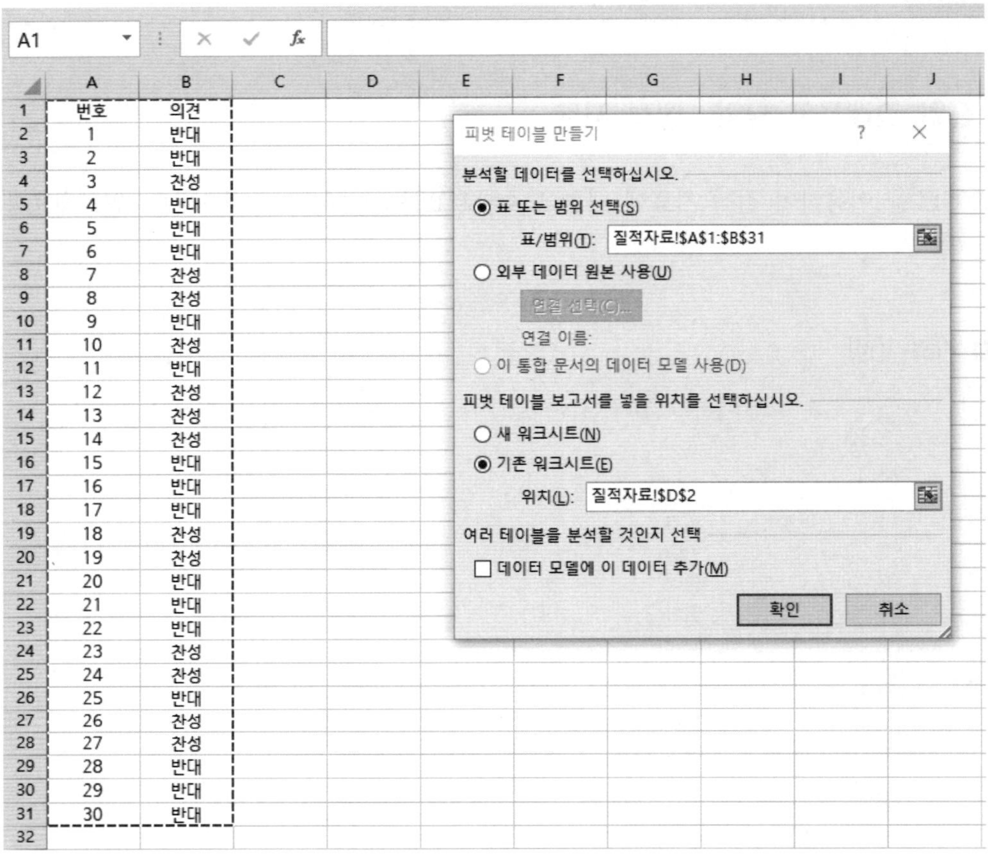

메뉴 표시줄에서 [삽입] → [피벗테이블] 선택하면 위와 같은 대화상자가 나타난다.

위 대화상자에서 각 부분의 의미는 다음과 같다

① 표/범위 : 자료가 있는 영역을 나타내는 곳으로서, 워크시트에서 자료가 있는 영역을 드래그하면 자동으로 입력된다. (위의 예 : "질적자료!$A$1:$B$31"을 입력한 경우 질적자료 워크시트에서 A열부터 B열, 1행부터 31행까지 입력되어 있음을 나타낸다.)

② 위치 : 프로그램의 실행 후 작성되는 표(또는 그림)을 동일한 워크시트 안에서 출력하기를 원하는 영역. (위의 예 : "질적자료!$D$2"로 지정하면 질적자료 워크시트에서 필요한 만큼의 영역에 결과가 출력된다.)

필드 선택 창

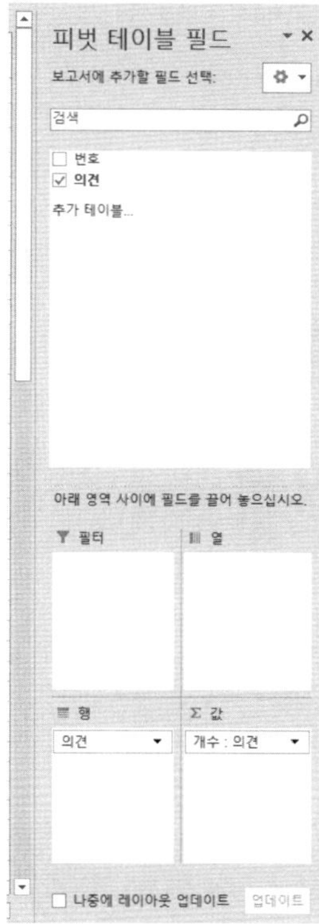

자료 입력

출력 결과

피벗테이블 선택 시 맨 왼쪽 그림과 같이 필드 선택 창이 나타난다.

왼쪽의 필드 선택 창에서 오른쪽 필드 선택 창과 같이 행과 Σ값에 분석하고자 하는 자료를 입력한다.

분석하고자 하는 "의견"을 행에 입력하고 Σ값에 입력하면 출력영역의 첫 번째 열의 첫 번째 행에 반대, 두 번째 행에 찬성 범주가 나타나고 두 번째 열에 각 범주에 해당되는 도수가 나타난다.

❸ (도수분포표를 이용)막대그래프와 원그래프 그리기

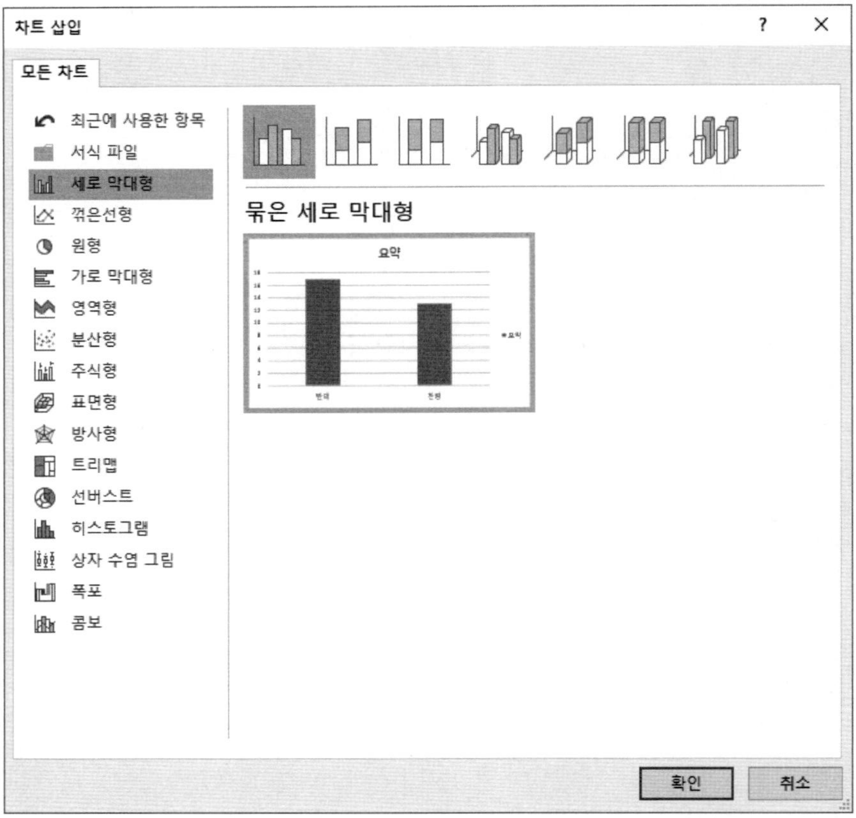

출력된 도수분포표에서 범주와 도수를 선택한 후 메뉴 표시줄에서 [삽입] → [차트]를 선택하면 위와 같은 대화상자가 나타난다.

차트 삽입에서 차트 종류를 선택하면 현재의 그림을 변형시킬 수 있는 차트의 종류를 간단히 그림의 형태과 같이 보여준다.

막대그래프를 그리기 위하여 '세로 막대형'을 선택하고 원하는 형태를 선택한 후 [확인]을 누르면 막대그래프가 출력되고, 마찬가지로 원그래프는 '원형'을 선택하고 원하는 형태를 선택한 후 [확인]을 누르면 원그래프가 출력된다.

2. 표와 그래프로 요약 : 양적 자료

EXCEL을 이용하여 양적 자료에 대한 도수분포표를 작성하고 히스토그램, 도수다각형을 그려보자.

❶ 자료 준비

D33

	A	B
1	번호	만족도
2	1	35
3	2	32
4	3	31
5	4	30
6	5	25
7	6	41
8	7	7
9	8	17
10	9	18
11	10	20
12	11	8
13	12	9
14	13	13
15	14	14
16	15	62
17	16	63
18	17	63
19	18	65
20	19	67
21	20	66
22	21	69
23	22	75
24	23	15
25	24	15
26	25	22
27	26	23
28	27	24
29	28	33
30	29	34
31	30	35

첫 번째 행에 자료명 입력
두 번째 행부터 자료 입력

❷ (피벗테이블, 그룹화 이용)도수분포표 작성하기

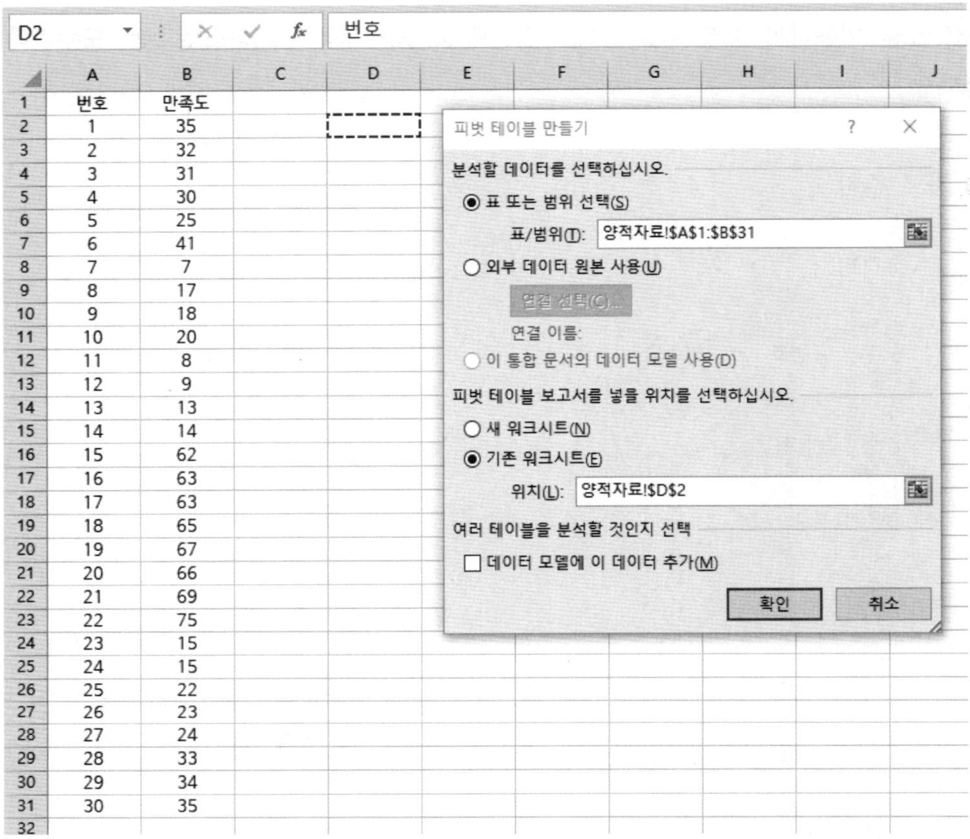

메뉴 표시줄에서 [삽입] → [피벗테이블] 선택하면 위와 같은 대화상자가 나타난다.

위 대화상자에서 각 부분의 의미는 다음과 같다

① 표/범위 : 자료가 있는 영역을 나타내는 곳으로서, 워크시트에서 자료가 있는 영역을 드래그하면 자동으로 입력된다. (위의 예 : "양적자료!$A$1:$B$31"을 입력한 경우 양적자료 워크시트에서 A열의 1행부터 31행까지 입력되어 있음을 나타낸다.)

② 위치 : 프로그램의 실행 후 작성되는 표(또는 그림)을 동일한 워크시트 안에서 출력하기를 원하는 영역. (위의 예 : "양적자료!$D$2"FH 지정하면 양적자료 워크시트에서 필요한 만큼의 영역에 결과가 출력된다.)

필드 선택 후 자료 입력

	A	B	C	D	E
1	번호	만족도			
2	1	35		**행 레이블**	**개수 : 만족도**
3	2	32		7	1
4	3	31		8	1
5	4	30		9	1
6	5	25		13	1
7	6	41		14	1
8	7	7		15	2
9	8	17		17	1
10	9	18		18	1
11	10	20		20	1
12	11	8		22	1
13	12	9		23	1
14	13	13		24	1
15	14	14		25	1
16	15	62		30	1
17	16	63		31	1
18	17	63		32	1
19	18	65		33	1
20	19	67		34	1
21	20	66		35	2
22	21	69		41	1
23	22	75		62	1
24	23	15		63	2
25	24	15		65	1
26	25	22		66	1
27	26	23		67	1
28	27	24		69	1
29	28	33		75	1
30	29	34		**총합계**	**30**
31	30	35			

출력 결과

피벗테이블 선택 후 왼쪽 필드 선택 창 그림과 같이 행과 Σ값에 분석하고자 하는 자료를 입력한다.

분석하고자 하는 "만족도"를 행에 입력하고 Σ값에 입력하면 출력영역의 첫 번째 열에 만족도 점수 두 번째 열에 만족도 점수에 해당되는 도수가 나타난다.

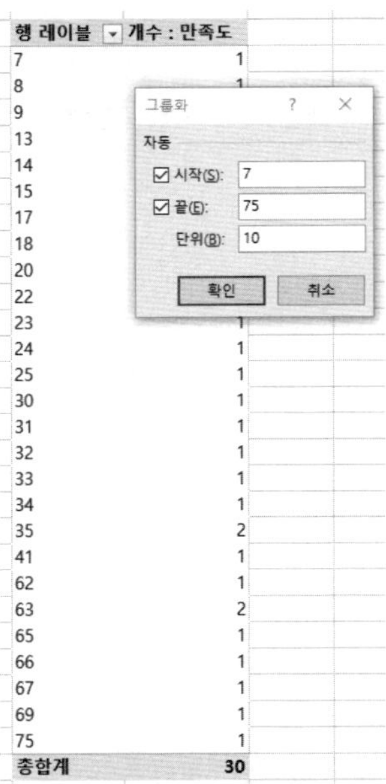

그룹화 대화상자

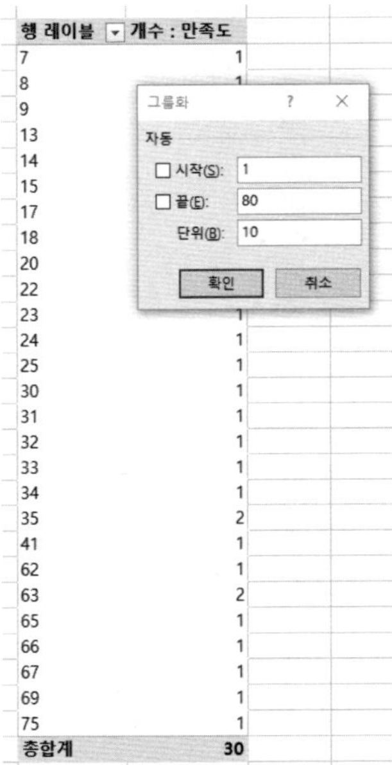

시작, 끝, 단위 변경

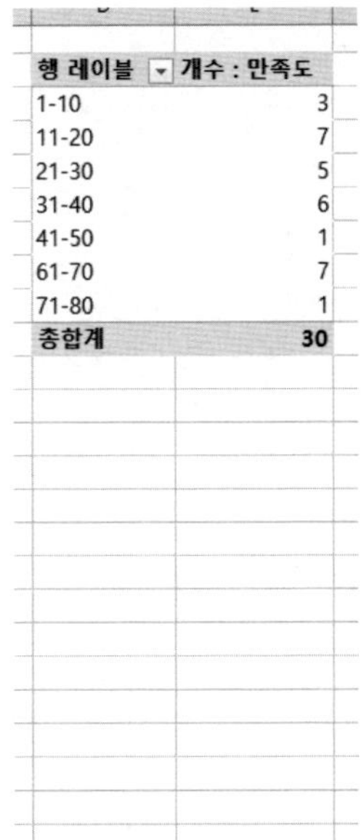

그룹화 출력 결과

메뉴 표시줄에서 [분석] → [그룹선택] 선택하면 위와 같은 대화상자가 나타난다.

그룹화 대상 상자에서 시작, 끝, 단위를 원하는대로 지정할 수 있다. (위의 예 : 시작을 1, 끝을 80, 단위를 10으로 입력하면 계급구간의 시작값을 1점으로 계급구간의 폭을 10점으로 지정)

그룹화 대화상자에 값을 지정한 후 [확인]을 누르면 출력영역의 첫 번째 열에 계급구간이 점수 두 번째 열에 계급구간에 속하는 계급의 도수가 나타난다.

❸ (도수분포표를 이용)히스토그램과 도수다각형 그리기

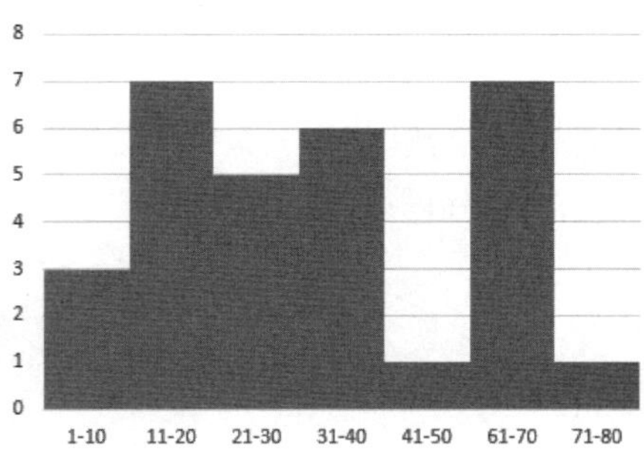

히스토그램

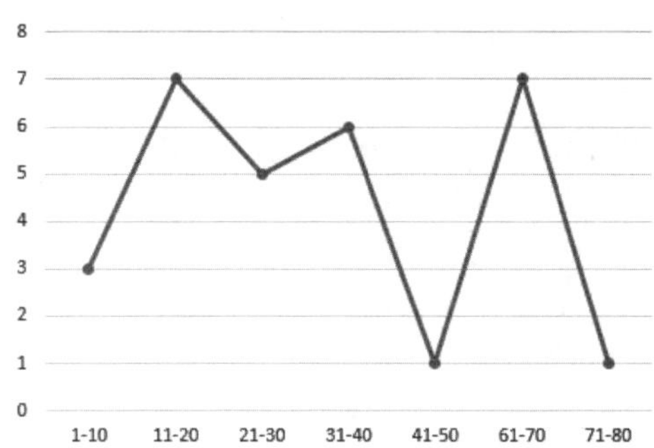

도수다각형

출력된 도수분포표에서 계급과 도수를 선택한 후 메뉴 표시줄에서 [삽입] → [차트]를 선택하면 대화상자가 나타나고 세로 막대형 그래프를 선택하면 막대그래프를 얻을 수 있다.

막대그래프에서 막대 사이의 간격을 조절하려면 막대그래프 중 하나의 막대를 오른쪽 마우스로 클릭하면 나타나는 대화상자에서 [데이터요소서식] → [계열옵션]을 선택한 후 간격 너비를 0%으로 지정하면 위와 같은 히스토그램을 얻는다.

도수다각형은 [삽입] →[차트]를 선택한 후 대화상자에서 [꺽은선형]을 선택하면 된다.

3. 수치로 양적 자료 요약

EXCEL을 이용하여 양적 자료에 대하여 중심 위치를 나타내는 평균과 중앙값, 퍼짐 정도를 나타내는 분산, 표준편차, 범위, 사분위수 범위 등을 구하시오

❶ 통계량 계산하기

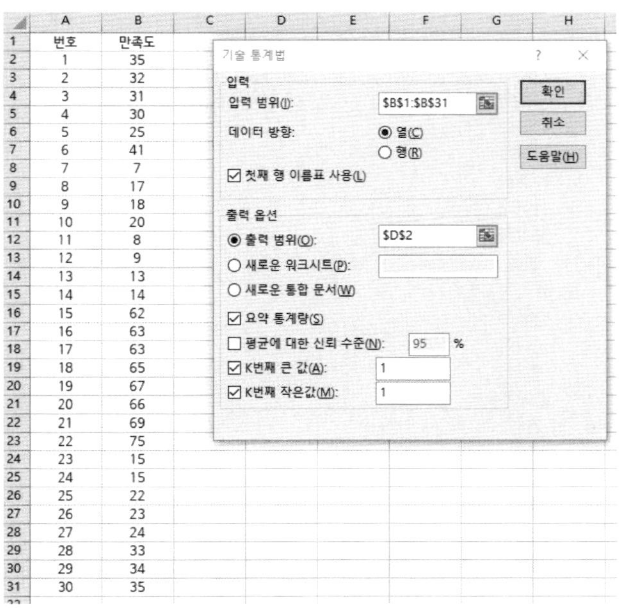

기술통계법 대화상자

만족도	
평균	34.36667
표준 오차	3.910341
중앙값	30.5
최빈값	35
표준 편차	21.41782
분산	458.723
첨도	-1.01998
왜도	0.625093
범위	68
최소값	7
최대값	75
합	1031
관측수	30
가장 큰 값	75
가장 작은	7

기술통계법 출력 결과

엑셀의 데이터 분석 기능을 이용하면 통계량들을 쉽게 구할 수 있다. 메뉴 표시줄에서 [데이터] → [데이터분석] → [기술통계법]을 선택하면 그림과 같은 대화상자를 얻는데, 자료가 있는 영역과 필요한 통계량들을 선택 및 지정하고 [확인]을 누르면 해당 워크시트에 기본 통계량들을 얻을 수 있다.

4. 두 질적 자료 요약 : 분할표

EXCEL을 이용하여 두 개의 질적 자료에 대한 분할표를 작성해보자.

❶ 자료 준비

F23

	A	B	C	D
1	구분	성별	학년	전공
2	1	여	2	법학
3	2	남	2	물리학
4	3	남	1	법학
5	4	여	4	경영학
6	5	여	1	물리학
7	6	여	2	경영학
8	7	남	2	원예학
9	8	여	1	경영학
10	9	남	2	원예학
11	10	여	2	법학
12	11	남	2	경영학
13	12	남	2	물리학
14	13	여	3	원예학
15	14	남	1	물리학
16	15	남	2	경영학
17	16	남	2	경영학
18	17	남	1	원예학
19	18	남	2	경영학
20	19	여	3	물리학
21	20	남	1	법학
22	21	여	1	물리학
23	22	여	3	경영학
24	23	남	1	물리학
25	24	남	2	법학
26	25	남	4	원예학
27	26	남	4	경영학
28	27	남	2	원예학
29	28	남	1	물리학
30	29	여	2	법학
31	30	여	3	경영학

첫 번째 행에 자료명 입력
두 번째 행부터 자료 입력

❷ (피벗테이블 이용)분할표 작성하기

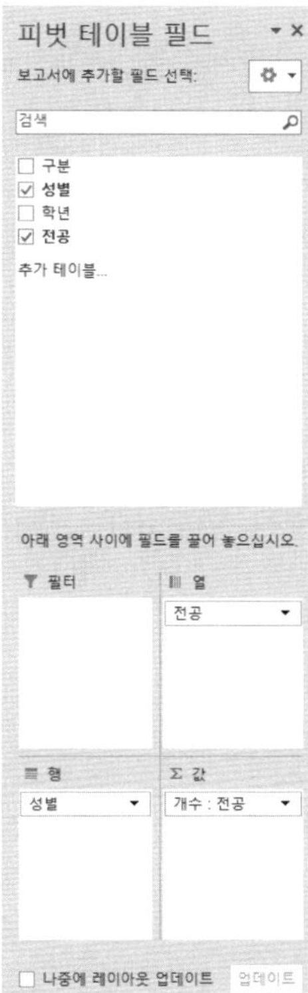

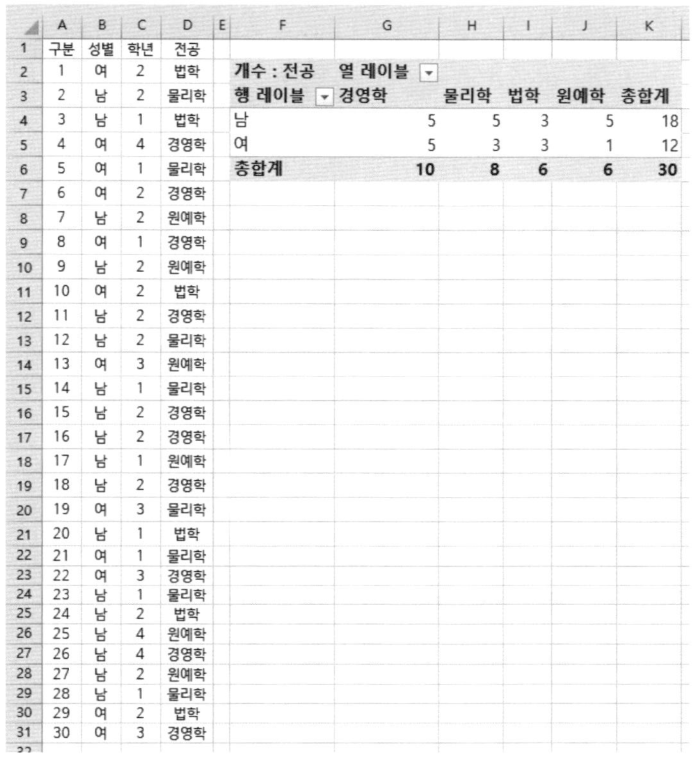

구분	성별	학년	전공
1	여	2	법학
2	남	2	물리학
3	남	1	법학
4	여	4	경영학
5	여	1	물리학
6	여	2	경영학
7	남	2	원예학
8	여	1	경영학
9	남	2	원예학
10	여	2	법학
11	남	2	경영학
12	남	2	물리학
13	여	3	원예학
14	남	1	물리학
15	남	2	경영학
16	남	2	경영학
17	남	1	원예학
18	남	2	경영학
19	여	3	물리학
20	남	1	법학
21	여	1	물리학
22	여	3	경영학
23	남	1	물리학
24	남	2	법학
25	남	4	원예학
26	남	4	경영학
27	남	2	원예학
28	남	1	물리학
29	여	2	법학
30	여	3	경영학

개수 : 전공	열 레이블				
행 레이블	경영학	물리학	법학	원예학	총합계
남	5	5	3	5	18
여	5	3	3	1	12
총합계	**10**	**8**	**6**	**6**	**30**

자료 입력　　　　　　　　　　출력 결과

필드 선택 창에서 열, 행, Σ 값에 분석하고자 하는 자료를 입력한다.

성별 전공에 대한 분할표를 작성하기 위해 행에 성별을 열에 전공, Σ 값에 전공을 선택하면 한 변수에 대한 범주는 출력영역의 첫 번째 열에, 또 다른 변수에 대한 범주는 출력영역의 위쪽에 표시되고, 두 변수의 범주들이 교차하는 칸(cell)마다 각 변수의 범주를 동시에 갖는 도수가 나타난다.

5. 두 양적 자료 요약 : 산점도, 상관계수

EXCEL을 이용하여 두 양적(연속형) 자료에 대한 산점도를 그리고 상관계수를 구하시오

❶ 자료 준비

F12

	A	B
1	나이	소득(만원)
2	30	146
3	31	158
4	40	180
5	35	182
6	36	190
7	42	260
8	30	330
9	45	390
10	27	130

첫 번째 행에 자료명 입력
두 번째 행부터 자료 입력

❷ 산점도 그리기

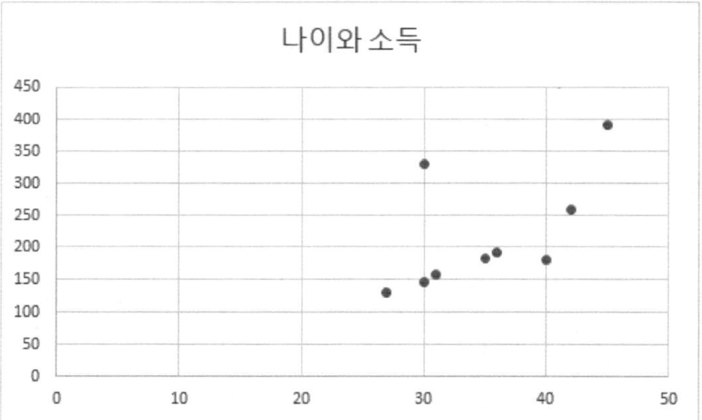

준비된 자료에서 두 개의 양적(연속형) 자료를 선택한 후 메뉴 표시줄에서 [삽입] → [차트]를 선택하면 대화상자가 나타나고 분산형을 선택하면 산점도를 얻을 수 있다.

❸ 상관계수 구하기

	A	B	C	D	E	F
1	나이	소득(만원)				
2	30	146			나이	소득(만원)
3	31	158		나이	1	
4	40	180		소득(만원)	0.575166	1
5	35	182				
6	36	190				
7	42	260				
8	30	330				
9	45	390				
10	27	130				
11						

엑셀의 데이터 분석 기능을 이용하면 통계량들을 쉽게 구할 수 있다. 메뉴 표시줄에서 [데이터] → [데이터분석] → [상관 분석]을 선택하면 그림과 같은 대화상자를 얻는데, 입력 범위에 자료가 있는 영역을 지정하고 출력 범위에 결과를 출력한 위치를 지정한 후 [확인]을 누르면 해당 워크시트에 상관계수 값을 얻을 수 있다.

자료 1: 'SNS(Social Network Service) 사용 실태'조사 설문지

다음은 여러분의 SNS 사용 실태를 알아보기 위한 질문입니다. 솔직한 답변 부탁드립니다.

1. 귀하의 성별은? ① 남학생 ② 여학생
2. 귀하의 학년은? ① 1학년 ② 2학년 ③ 3학년 ④ 4학년
3. 귀하는 현재 SNS를 사용하고 있습니까? ① 예 ② 아니오

※ 3번에서 '① 예'를 응답한 경우만 이후 문항에 응답하세요

4. 하루 SNS 사용 시간은? (   ) 시간 (   ) 분
5. SNS를 사용하는 주된 목적은 무엇입니까?
   ① 자신이 가진 정보 공유하기 ② 댓글 달기 ③ 사회 이슈에 자신의 의견표출
   ④ 친구와 연락 ⑤ 새로운 친구 관계 맺기 ⑥ 개인 정보 업로드

대학생용 SNS 중독경향성 자가진단

번호	항목	전혀 그렇지 않다	그렇지 않다	그렇다	매우 그렇다
1	SNS를 생각하거나 어떻게 이용할 것인가에 많은 시간을 보낸다.				
2	SNS 사용 때문에 피곤해서 수업시간에 잔다.				
3	최근 SNS에서 일어난 일에 대해 많은 생각을 한다.				
4	SNS를 하지 못하게 되었을 때 짜증이 난다.				
5	그만해야지 하면서도 번번히 SNS를 하게 된다.				
6	SNS에서 타인의 댓글을 보기 위해 시간이 날 때마다 수시로 확인한다.				
7	하루 중 대부분의 시간을 SNS를 하며 보낸다.				
8	SNS를 하고 싶은 충동을 점점 더 많이 느낀다.				
9	SNS 사용 시간을 줄이지 못해 후회한 적이 있다.				
10	SNS로 인해 오프라인에서의 다른 활동에 대한 흥미가 감소했다.				
11	개인적 문제를 잊기 위해 SNS를 한다.				
12	SNS를 하지 못하게 되면 사는 즐거움 또는 재미를 잃는다.				
13	SNS 때문에 취미, 여가생활, 운동을 덜 중요시 한다.				
14	길을 걷거나 다른 사람들과 대화중에도 끊임없이 SNS를 한다.				
15	SNS로 인해 원하는 시간보다 더 늦게 잠들거나 잠을 이루지 못하는 일이 자주 있다.				

대학생용 SNS 중독경향성 척도[정소영,김종남(2014)] 일부 발췌

자료 2: A대학 학생 50명의 'SNS 사용 실태' 조사 결과

구분	성별	학년	SNS 사용유무	SNS 사용시간	SNS 사용목적	SNS 중독경향성 자가진단점수
1	남	1학년	예	30	댓글 달기	19
2	남	1학년	아니오			
3	남	1학년	예	190	댓글 달기	42
4	남	1학년	예	30	사회 이슈에 자신의 의견표출	18
5	남	1학년	예	150	사회 이슈에 자신의 의견표출	20
6	남	1학년	아니오			
7	남	1학년	예	40	댓글 달기	21
8	여	2학년	예	280	자신이 가진 정보 공유하기	51
9	남	2학년	예	20	새로운 친구 관계 맺기	15
10	남	2학년	아니오			
11	남	2학년	예	140	사회 이슈에 자신의 의견표출	44
12	남	2학년	예	130	사회 이슈에 자신의 의견표출	34
13	남	2학년	아니오			
14	남	2학년	예	140	자신이 가진 정보 공유하기	39
15	남	3학년	예	30	댓글 달기	17
16	남	3학년	예	60	사회 이슈에 자신의 의견표출	26
17	남	3학년	예	120	자신이 가진 정보 공유하기	35
18	남	3학년	예	110	사회 이슈에 자신의 의견표출	40
19	남	3학년	아니오			
20	여	3학년	예	270	친구와 연락	57
21	남	3학년	예	110	새로운 친구 관계 맺기	34
22	남	3학년	예	80	친구와 연락	35
23	남	3학년	예	20	사회 이슈에 자신의 의견표출	15
24	남	4학년	아니오			
25	남	4학년	예	130	댓글 달기	42
26	남	4학년	예	110	댓글 달기	28
27	남	4학년	아니오			

28	여	1학년	예	100	개인 정보 업로드	25
29	여	1학년	예	70	개인 정보 업로드	34
30	여	1학년	예	200	새로운 친구 관계 맺기	43
31	여	1학년	예	30	사회 이슈에 자신의 의견표출	19
32	여	1학년	예	100	댓글 달기	25
33	여	1학년	예	50	개인 정보 업로드	17
34	여	2학년	예	50	새로운 친구 관계 맺기	33
35	여	2학년	예	130	새로운 친구 관계 맺기	42
36	여	2학년	예	110	친구와 연락	35
37	여	2학년	예	250	사회 이슈에 자신의 의견표출	44
38	여	2학년	예	10	친구와 연락	16
39	여	3학년	아니오			
40	여	3학년	예	150	개인 정보 업로드	28
41	여	3학년	예	170	친구와 연락	38
42	여	3학년	예	160	자신이 가진 정보 공유하기	32
43	여	3학년	예	260	새로운 친구 관계 맺기	54
44	여	3학년	아니오			
45	여	3학년	예	260	자신이 가진 정보 공유하기	39
46	여	4학년	아니오			
47	여	4학년	예	170	개인 정보 업로드	38
48	여	4학년	예	210	개인 정보 업로드	42
49	여	4학년	예	270	친구와 연락	55
50	여	4학년	예	140	새로운 친구 관계 맺기	41

자료 2: 'SNS 사용 실태'조사 결과를 수치로 기록한 자료

성별	1='남학생', 2='여학생'
학년별	1='1학년', 2='2학년', 3='3학년', 4='4학년'
SNS 사용유무	1='예', 2='아니오'
SNS 사용목적	1='자신이 가진 정보 공유하기', 2='댓글 달기', 3='사회 이슈에 자신의 의견표출', 4='친구와 연락', 5='새로운 친구 관계 맺기', 6='개인 정보 업로드'
SNS 중독경향성 자가진단점수	SNS 중독경향성 진단 점수 : 전혀 그렇지 않다(1점), 그렇지 않다(2점), 그렇다(3점), 매우 그렇다(4점)
SNS 사용자군	1='일반 사용자' 2='잠재적 위험 사용자' 3='고위험 사용자'

구분	성별	학년	SNS 사용유무	SNS 사용시간	SNS 사용목적	SNS 중독경향성 자가진단점수	SNS 사용자군
1	1	1	1	30	2	19	1
2	1	1	2				
3	1	1	1	190	2	42	2
4	1	1	1	30	3	18	1
5	1	1	1	150	3	20	1
6	1	1	2				
7	1	1	1	40	2	21	1
9	1	2	1	20	5	15	3
10	1	2	2				1
11	1	2	1	140	3	44	
12	1	2	1	130	3	34	2
13	1	2	2				1
14	1	2	1	140	1	39	
15	1	3	1	30	2	17	1
16	1	3	1	60	3	26	1
17	1	3	1	120	1	35	1
18	1	3	1	110	3	40	1
19	1	3	2				1
21	1	3	1	110	5	34	

22	1	3	1	80	4	35	3
23	1	3	1	20	3	15	1
24	1	4	2				1
25	1	4	1	130	2	42	1
26	1	4	1	110	2	28	
27	1	4	2				2
8	2	2	1	280	1	51	1
20	2	3	1	270	4	57	
28	2	1	1	100	6	25	1
29	2	1	1	70	6	34	1
30	2	1	1	200	5	43	2
31	2	1	1	30	3	19	1
32	2	1	1	100	2	25	1
33	2	1	1	50	6	17	1
34	2	2	1	50	5	33	1
35	2	2	1	130	5	42	2
36	2	2	1	110	4	35	1
37	2	2	1	250	3	44	2
38	2	2	1	10	4	16	1
39	2	3	2				
40	2	3	1	150	6	28	1
41	2	3	1	170	4	38	1
42	2	3	1	160	1	32	1
43	2	3	1	260	5	54	3
44	2	3	2				
45	2	3	1	260	1	39	1
46	2	4	2				
47	2	4	1	170	6	38	1
48	2	4	1	210	6	42	2
49	2	4	1	270	4	55	3
50	2	4	1	140	5	41	1

활동 1

주 제	표로 자료 정리하고 해석하기

❶ 50명의 'SNS 사용 실태' 자료를 도수분포표로 요약하고, 이 자료를 설명하시오.

SNS 사용여부에 대하여 도수분포표로 요약하고 자료 설명

SNS 사용여부가'1=예'인 경우에 대해서 나머지 자료를 도수분포표로 요약하고 자료 설명

❷ 조사된 자료를 ❶과 같이 표로 정리하였을 때 어떤 점이 좋은지 기술하시오.

❸ SNS 주된 사용 목적을 성별에 따라 정리해 보고 SNS 사용 목적을 성별 구분 없이 나타낸 자료의 결과와 어떤 차이가 있는지 기술하시오.

성별에 따른 SNS 주된 사용 목적 도수분포표

SNS 주된 사용 목적을 성별 구분 없이 나타낸 표의 결과와 성별에 따른 SNS 주된 사용 목적 도수분포표를 사용하여 자료를 설명하기

활동 2

주 제	그래프로 자료 정리하고 해석하기

❶ 'SNS 사용 실태'에 대하여 정리한 표를 원그래프, 막대그래프, 히스토그램 중 어떤 것을 사용하여 나타내는 것이 가장 좋은지 생각해 보고 그 이유를 기술하시오.

구분	가장 적합한 그래프	이유
SNS 사용유무		
SNS 사용시간		
SNS 주 사용목적		
SNS 사용자군		

❷ 앞에서 선택한 그래프를 사용하여 자료 결과를 설명하시오.

구분	그래프 그리기	자료 결과 설명하기
SNS 사용유무		
SNS 사용시간		
SNS 주 사용목적		
SNS 사용자군		

❸ 앞에서 만든 그래프가 자료를 나타내는 데 적절하였는지 간단하게 기술하시오.

활동 3

주 제	두 개의 자료 요약(성별에 따른 명목형 자료 분석하기)

❶ 성별에 따른 SNS의 주된 사용 목적을 도수분포표와 막대그래프로 정리해 보고 남학생과 여학생에서 동시에 나온 도수 6명의 의미에 대해서 기술하시오.

성별에 따른 SNS의 주된 사용 목적 도수분포표와 막대그래프

남학생과 여학생에서 도수분포표에서 동시에 나온 도수 6명의 의미에 대해서 생각해 보기

❷ 성별에 따른 SNS의 주된 사용 목적의 상대도수분포표를 작성하고 상대도수를 사용하여 성별에 따른 SNS의 주된 사용 목적을 설명하시오.

SNS의 주된 사용 목적 상대도수분포표

상대도수를 사용하여 성별에 따른 SNS의 주된 사용 목적 설명하기

❸ 도수 혹은 상대도수를 사용하느냐에 따라 자료의 해석이 달라지는데 상대도수는 어떤 경우에 사용하는 것이 좋을지 기술하시오.

❹ 성별에 따른 SNS의 주된 사용 목적을 원그래프를 사용하여 나타내시오.

성별에 따른 SNS의 주된 사용 목적 원그래프

원그래프가 자료를 나타내는 데 적절하였는지 생각해보기

❺ 위에서 그린 그래프에 상대도수를 나타내면 그래프를 해석하는 데 도움이 되는 점이 무엇인지 기술하시오.

활동 4

주 제	두 개의 자료 요약(성별에 따른 연속형 자료 분석하기)

❶ 성별에 따른 SNS 중독경향성 자가진단점수 도수분포표를 작성하시오.

❷ 성별에 따른 SNS 중독경향성 자가진단점수를 가장 잘 설명할 수 있는 그래프가 무엇인지 생각해 보고 그래프로 나타내시오.

가장 적합한 그래프

이유

성별에 따른 SNS 중독경향성 자가진단점수 그래프

❸ 정리된 표와 그래프를 통해 알 수 있는 남학생과 여학생의 SNS 중독경향성 자가진단점수의 특성을 기술하시오.

활동 5

주 제	수치로 자료 요약하고 해석하기

❶ SNS 중독경향성 자가진단점수 평균과 표준편차를 구하시오.

❷ SNS 중독경향성 자가진단점수 평균과 표준편차가 나타내는 의미를 설명하시오.

❸ 남학생과 여학생의 SNS 중독경향성 자가진단점수 평균과 표준편차를 구하시오.

❹ 계산된 평균과 표준편차를 통해 알 수 있는 남학생과 여학생의 SNS 중독경향성 자가진단점수의 특성을 설명하시오.

연습문제 해답

1장

1.1

문제 1

❶ p는 참이고, q는 거짓이다.

❷ $p \wedge q$: 영국의 수도는 런던이고, 미국의 수도는 뉴욕이다.

❸ 영국의 수도는 런던이 맞지만, 미국의 수도는 뉴욕이 아니므로 $p \wedge q$는 거짓이다.

❹

p	q	$p \wedge q$
T	F	F

문제 2

❶ p는 참이고, q도 참이다.

❷ $p \vee q$: 개미가 곤충이거나 꿀벌이 곤충이다.

❸ 개미와 꿀벌이 모두 곤충이므로 $p \vee q$는 참이다.

❹

p	q	$p \vee q$
T	T	T

문제 3

❶ $p \wedge q \wedge (r \vee s)$

❷-1 1) 철수는 유튜브 크리에이터로 YPP에 가입한 상태이다.
2) 철수의 현재 구독자수는 1200명이다.
3) 철수의 최근 12개월 내 영상 시청시간은 3000시간이다.
4) 철수의 최근 12개월 내 쇼츠의 조회수는 1200만회이다.

❷-2

p	q	r	s
T	T	F	T

❷-3

r	s	$r \vee s$
F	T	T

p	q	$p \wedge q$
T	T	T

$p \wedge q$	$r \vee s$	$p \wedge q \wedge (r \vee s)$
T	T	T

❷-4 철수는 유튜브 수익창출을 할 수 있다.

1.2

문제 1

❶ 수연이의 이번 학기 내신 등급이 3등급보다 좋으면 노트북을 사서 준다.

❷ p: 수연이의 이번 학기 내신 등급이 3등급보다 좋다.
q: 아버지는 수연이에게 노트북을 사주었다.

❸ $p \to q$

❹ p는 거짓이고, q는 참이다.

❺ 아버지는 수연이의 성적이 3등급보다 좋지 않으면 노트북을 사주지 않겠다고 약속하지 않았다. 따라서 노트북을 사준 아버지가 거짓말을 했다고 볼 수 없다. 즉, ❶의 문장은 참이라고 볼 수 있다.

❻

p	q	❸
F	T	T

문제 2

❶ p는 참이고, q도 참이다.

❷

p	q	$p \to q$	$q \to p$
T	T	T	T

❸

p	q	$p \leftrightarrow q$
T	T	T

❹

$p \to q$	$q \to p$	$p \leftrightarrow q$
T	T	T

문제 3

❶ $p \to \sim q$

❷ $p \to \sim q$가 참이므로 그 대우 $q \to \sim p$도 참이다. 따라서 강윤이는 술을 마시지 않아야 하며, 노을이는 청소년이 아니어야 한다. 즉, 강윤이와 노을이를 조사해야 한다.

문제 4

❶

7	5	6	4	8	1	2	9	3
3	9	8	5	7	2	1	6	4
2	4	1	3	6	9	7	5	8
5	7	2	6	3	4	8	1	9
4	6	9	8	1	7	3	2	5
1	8	3	2	9	5	4	7	6
8	3	7	1	5	6	9	4	2
9	2	5	7	4	8	6	3	1
6	1	4	9	2	3	5	8	7

❷

6	1	8	5	2	7	3	4	9
9	2	4	3	1	8	7	6	5
5	3	7	4	6	9	2	8	1
2	4	5	6	3	1	9	7	8
8	9	3	2	7	4	1	5	6
7	6	1	9	8	5	4	3	2
1	7	9	8	5	3	6	2	4
4	5	6	7	9	2	8	1	3
3	8	2	1	4	6	5	9	7

문제 5

	왼쪽				오른쪽
색	노랑	파랑	빨강	초록	하양
국적	한국	덴마크	영국	독일	스웨덴
음료	생수	차	우유	커피	콜라
음식	치킨	마라탕	떡볶이	김밥	초밥
동물	고양이	말	새		개

1.3

문제 1

❶ (1) 모든 실수 x에 대하여 $|x| \geq 0$이다.

(2) 모든 실수 x에 대하여 $2x > x$이다.

❷ (1) 참

(2) 거짓. [반례] $x = 0$

문제 2

❶ (1) 어떤 실수 x에 대하여 $x^2 < 0$이다.

[$x^2 < 0$인 실수 x가 존재한다.]

(2) 어떤 실수 x에 대하여 $|x| > x$이다.

[$|x| > x$인 실수 x가 존재한다.]

❷ (1) 모든 실수 x에 대하여 $x^2 \geq 0$이므로 거짓

(2) $x = -1$이면 $|-1| > -1$이므로 참

문제 3

❶ (1) 모든 정수 x에 대하여 $x = x^2 - 2$이다.

(2) 어떤 정수 x에 대하여 $x = x^2 - 2$이다.

[$x = x^2 - 2$인 정수 x가 존재한다.]

❷ (1) 거짓. [반례] $x = 0$

(2) $x = 2$이면 $2 = 2^2 - 2$이므로 참.

문제 4

❶ 반짝이지만 금이 아닌 것이 있다.

❷ $p(x) \wedge (\sim q(x))$

❸ $\exists$

❹ $\exists x\, [p(x) \wedge (\sim q(x))]$

문제 5

❶ C

❷ 어떤 집합의 특정한 원소 x가 존재할 때, 한 원소 a를 제외한 나머지 모든 원소가 x가 될 수 없다면 a가 x이다.

❸ 명제 함수 $p(x)$의 진리집합 P에 대하여 $\exists x\, p(x)$가 참이면 $P \neq \varnothing$이다.

이때, $\{a\}^C \cap P = \varnothing$이면 $P = \{a\}$이다. 따라서 주어진 인용문은 참이다.

문제 6

❶ 거짓. [반례]

1	2	3	4	5	6
이	박	이	김	김	김

❷ 거짓. [반례]

1	2	3	4	5	6
박	이	김	김	이	이

❸ 거짓. [반례]

1	2	3	4	5	6
박	이	김	김	이	이

❹ 거짓. [반례]

1	2	3	4	5	6
박	이	박	김	김	김

❺ 모든 조건을 만족시키는 경우는 다음 2가지만 있다.

1	2	3	4	5	6
이	박	이	김	김	김

1	2	3	4	5	6
박	이	박	김	김	김

따라서 세대주가 김씨인 집은 반드시 3개이다.

2장

2.1

문제 1

❶ 3 : 945 (또는 $\frac{3}{945}$, 1 : 315, $\frac{1}{315}$)

❷ 9 : 5130 (또는 $\frac{9}{5130}$, 1 : 570, $\frac{1}{570}$)

❸ 6085 : 20260 (또는 $\frac{6085}{20260}$. 1217 : 4052, $\frac{1217}{4052}$)

❹ 3308 : 8441 (또는 $\frac{3308}{8441}$)

문제 2

❶ $\frac{312500\text{ 원}}{2500\text{ g}} = 12500$ (원/100 g)

❷ $\frac{260000\text{ 원}}{2000\text{ g}} = 13000$ (원/100 g)

❸ A회사의 한우 선물 세트가 B회사의 한우 선물 세트보다 100 g당 가격이 더 싸다. 따라서 하은이는 A회사의 한우 선물 세트를 선택해야 한다.

문제 3

❶ 연봉이 3840만 원이므로 월급은 320만 원이다. 이때 한 달 근로 시간이 160시간이므로 시급은 $\frac{320\text{만 원}}{160\text{시간}}$ = 2만 원/시간, 즉 2만 원이다.

❷ 처음 6개월 동안 근무한 시간은 160시간/월 × 6월 = 960시간이다.

이후 6개월의 근무 시간을 계산하기 위해 근무 방식의 차이로 인해 늘어나는 근무 시간을 살펴보아야 한다. 12일을 기준으로 생각하면, 기존의 방식은 8일을 근무하지만 새로운 근무 방식은 9일을 근무한다. 따라서 한 달 근무 시간은 160시간에서 180시간으로 증가한다. 따라서 이후 6개월간 근무 시간은 180시간 × 6 = 1080시간이다.

1년간 전체 근무 시간은 960 + 1080 = 2040시

간이다.

❸ 시급이 2만 원이므로 $2 \times 2040 = 4080$만 원이다.

문제 4

❶ $1845000 : x = 1500 : 2000$

❷ 2460000원

문제 5

❶ 부서 A와 부서 B의 인원 수의 비는 11:4이고, 부서 B와 부서 C의 인원 수의 비는 4:6이므로 세 부서의 인원 수의 비는 11:4:6이다. 따라서 전체 인원 수에 대한 부서 A의 인원 수의 비는 $\frac{11}{21}$이다.

❷ 부서 A, 부서 B와 부서 C의 인원 수의 비는 11:4:6이므로 전체 인원 수에 대한 부서 B의 인원 수의 비는 $\frac{4}{21}$이다.

❸ 부서 A, 부서 B와 부서 C의 인원 수의 비는 11:4:6이므로 전체 인원 수에 대한 부서 C의 인원 수의 비는 $\frac{6}{21}$이다.

❹ 부서 A: $630 \times \frac{11}{21} = 330$만 원

부서 B: $630 \times \frac{4}{21} = 120$만 원

부서 C: $630 \times \frac{6}{21} = 180$만 원

2.2

문제 1

❶ 2020년부터 2022년까지 매년 우리나라의 수출액에서 중국이 가장 큰 비중을 차지하고 있으므로 중국의 수출액이 가장 많았다. 따라서 3개년의 수출액의 합도 중국이 가장 많다.

❷ 2020년부터 2022년까지 매년 미국으로의 수출 구성비가 증가하기는 하였으나, 해당 년도의 전체 수출액이 제시되지 않아 수출액이 매년 증가하였는지는 알 수 없다.

❸ 2022년 한 해동안 베트남으로의 수출 구성비는 8.9%이고, 홍콩 또는 일본의 수출 구성비는 8.5%이다. 같은 년도의 구성비를 비교하고 있으므로 2022년의 전체 수출액을 모르더라도 베트남으로의 수출 구성비가 홍콩 또는 일본의 수출 구성비보다 더 크기 때문에 베트남으로의 수출액도 홍콩과 일본의 수출액 합보다 많다.

❹ 2022년 홍콩으로의 수출액 구성비는 4.0%이고, 일본으로의 수출액 구성비는 4.5%이므로 홍콩과 일본으로의 수출액의 비는 4:4.5이다. 홍콩으로의 수출액이 280억 달러이므로 일본으로의 수출액을 x억 달러라 하면

$$4 : 4.5 = 280 : x$$

가 성립한다. 위의 비례식을 풀면 $x = 315$이므로 일본으로의 수출액은 315억 달러이다.

문제 2

❶ 회사 A의 주가의 변화량: 300원
회사 B의 주가의 변화량: 200원

❷ 회사 A의 주가의 변화율: $\frac{300}{3000} \times 100 = 10\%$

회사 B의 주가의 변화율: $\frac{200}{1000} \times 100 = 20\%$

❸

	어제 가치	오늘 가치
강수	300000원	330000원
연수	100000원	120000원

❹ 강수의 30000원의 수익을 올렸으며, 연수는 20000원의 수익을 올렸다. 강수가 더 많은 수익을 올렸으며 이는 두 회사 주가의 변화량이 회사 A가 더 큰 것과 일치한다.

❺ 300만 원으로 강수가 구입한 회사 A의 주식은 1000주이고, 연수가 구입한 회사 B의 주식은 3000주이다. 강수와 연수가 가진 주식의 어제 가치와 오늘 가치는 다음과 같다.

	어제 가치	오늘 가치
강수	3000000원	3300000원
연수	3000000원	3600000원

❻ 강수의 300000원의 수익을 올렸으며, 연수는 600000원의 수익을 올렸다. 연수가 더 많은 수익을 올렸으며 이는 두 회사 주가의 변화율이 회사 B가 더 큰 것과 일치한다.

❼ 강수와 연수가 같은 수의 주식에 대한 수익을 비교할 때는

$$(\text{주식의 수})\times(1\text{주의 변화량})$$

을 계산하므로 주식의 변화량을 기준으로 판단해야 한다.

전체 구매 금액이 동일할 때에도 역시

$$(\text{주식의 수})\times(1\text{주의 변화량})$$

을 통해 전체 수익을 계산할 수 있다. 이때, 주식의 수는

$$(\text{주식의 수})=\frac{(\text{전체 금액})}{(1\text{주의 기존 가격})}$$

이므로 수익은

$$(\text{주식의 수})\times(1\text{주의 변화량})$$
$$=\frac{(\text{전체 금액})}{(1\text{주의 기존 가격})}\times(1\text{주의 변화량})$$

이다. 이때, 주식 1주의 변화율은

$$(1\text{주의 변화율})=\frac{(1\text{주의 변화량})}{(1\text{주의 기존 가격})}$$

이므로 수익은

$$(\text{수익})=(\text{전체 금액})\times(1\text{주의 변화율})$$

과 같다. 따라서 강수와 연수가 두 회사의 주식을 구입한 전체 금액이 동일하므로 두 회사의 주가의 변화율을 기준으로 판단하는 것이 좋다.

문제 3

❶ 2006년에 비해 2012년에 자신의 사진을 게시한 사람의 비율은 증가하였으나, 전체 사람의 수를 알지 못하기 때문에 자신의 사람을 게시한 사람의 수가 증가하였는지는 알 수 없다.

❷ 자신이 살고 있는 지역을 게시한 비율은 2006년에 61%였으나, 2012년은 71%로 증가하였다. 따라서 2012년은 2006년에 비해 10%p 증가하였다.

❸ 자신의 핸드폰 번호를 게시한 비율은 2006년에 2%였으나, 2012년은 20%로 증가하였다. 따라서 2012년은 2006년에 비해 $\frac{20-2}{2}\times 100=$ 900%가 증가하였다.

2.3

문제 1

$$\frac{7000-5000}{5000}\times 100=40\%$$

따라서 인상률은 40%이다.

문제 2

$$\frac{15-25}{25}\times 100=-40\%$$

따라서 할인율은 40%이다.

문제 3

30% 할인받은 가격은 정가의 70% 가격과 같다. 정가의 70% 가격이 14만 원이므로 정가를 x라 하면 $70:100=14:x$이다. 따라서 $x=20$이다. 즉, 정가는 20만 원이다.

문제 4

$$500\times(1+0.04)^2=500\times(1.04)^2=540.8$$

따라서 원리합계는 5,408,000원이다.

3장

3.1

문제 1

(1) $x=\frac{9}{2}$

(2) $x=\frac{5}{2}$

(3) $x=2$

문제 2

❶ 농도를 구하는 공식은 다음과 같다.

$$(\text{농도}) = \frac{(\text{소금의 양})}{(\text{소금물의 양})} \times 100$$

따라서 소금의 양은

$$(\text{소금의 양}) = \frac{(\text{농도})}{100} \times (\text{소금물의 양})$$

x%의 소금물 300 g에 들어있는 소금의 양은 $\frac{x}{100} \times 300 = 3x$ g이다.

❷ 10%의 소금물 200 g에 들어있는 소금의 양은 $\frac{10}{100} \times 200 = 20$ g이다.

❸ 첫 번째 방법은 두 비커의 소금의 양의 합을 구하는 것으로 $3x + 20$ g이다.
두 번째 방법은 7 %의 소금물의 양이 500 g이므로 소금의 양은 $\frac{7}{100} \times 500 = 35$ g이다.

❹ $3x + 20 = 35$

❺ $3x = 15,\ x = 5$

❻ 300 g의 소금물의 농도는 5%이다.

3.2

문제 1

(1) $x = 3,\ y = 1$

(2) $x = 3,\ y = \frac{1}{2}$

(3) $x = 6,\ y = 8$

문제 2

(1) $x = 3,\ y = 1$

(2) $x = 3,\ y = \frac{1}{2}$

(3) $x = 6,\ y = 8$

문제 3

(1) $x = 1,\ y = \frac{7}{3}$

(2) $x = \frac{5}{4},\ y = \frac{25}{8}$

(3) $x = 30,\ y = -22$

문제 4

❶ $x + y = 1300$

❷ $0.9x + 1.2y = 1440$

❸ $\begin{cases} x + y = 1300 \\ 0.9x + 1.2y = 1440 \end{cases}$

❹ $x = 400,\ y = 900$

❺ 지난달에 생산한 애니메이션 A의 장난감 수는 400만 개이고, B의 장난감 수는 900만 개이다.

3.3

문제 1

(1) $(x-2)(x-3)$

(2) $(3x-1)(x+3)$

문제 2

(1) $x = -1$ 또는 $x = 9$

(2) $x = 3$ 또는 $x = \frac{1}{2}$

(3) $x = 3$ 또는 $x = 5$

(4) $x = 3$ 또는 $x = -\frac{1}{3}$

문제 3

(1) $x = \frac{-3 \pm \sqrt{21}}{2}$

(2) $x = \frac{-5 \pm \sqrt{17}}{2}$

(3) $x = \frac{4 \pm \sqrt{22}}{2}$

(4) $x = \frac{3 \pm \sqrt{6}}{3}$

문제 4

❶ 큰 정사각형의 한 변의 길이는 작은 정사각형의 한 변의 길이보다 6자만큼 길기 때문에 작은 정사각형이 한 변이 길이는 $x - 6$자이다.

❷ 큰 정사각형의 한 변의 길이는 x자이므로 넓이는 x^2평방자이다.
작은 정사각형의 한 변의 길이는 $x-6$자이므로 넓이는 $(x-6)^2$평방자이다.

❸ $x^2+(x-6)^2=468$

❹ $x^2+x^2-12x+36=468$

$2x^2-12x-432=0$

$x^2-6x-216=0$

$(x+12)(x-18)=0$

$x=-12$ 또는 $x=18$

x와 $x-6$이 두 정사각형의 한 변의 길이이므로 $x>6$이다. 따라서 $x=18$이다. 즉, 큰 정사각형의 한 변의 길이는 18자이고, 작은 정사각형의 한 변의 길이는 12자이다.

3.4

문제 1

(1) $x \ge \frac{9}{2}$ (2) $x > \frac{5}{2}$ (3) $x \le 2$

문제 2

❶ 할인 혜택을 받기 전 n명의 놀이공원의 이용료는 $30000n$이다. 통신사 할인 혜택을 받으면 $0.8\times 30000n=24000n$

❷ $n\ge 4$이면 4명만 할인받을 수 있어 4명은 15000원을 지불하고 나머지는 30000원을 지불해야 하므로 $15000\times 4+30000(n-4)$이다. 즉, $30000n-60000$이다.

❸ $24000n<30000n-60000$

❹ 부등식 $24000n<30000n-60000$을 풀면 $n>10$이다. 따라서 도아를 포함하여 10명 넘는 사람이 입장하면 통신사 할인 혜택을 받는 것이 더 유리하다.

4장

4.1

문제 1

(1) 함수란 정의역의 각 원소가 공역의 오직 하나의 원소에 대응되는 관계로 만약 f가 함수라면 1에 대응되는 원소가 4이면서 동시에 7이 될 수 없기 때문에 가능하지 않다.

(2) 정의역의 서로 다른 원소가 동일한 공역의 원소에 대응이 되어도 함수가 되기 때문에 a와 b는 같을 수도 있고 다를 수도 있다.

문제 2

(1) $N(8)=84$이므로 게임 수는 84이다.

(2) $N(10)=135$이므로 게임 수는 135이다.

4.2

문제 1

$\frac{7000-5000}{2020-2010}=\frac{2000}{10}=200$으로 결혼비용은 매년 200만 원이 증가

문제 2

월급여는 기본급 + 판매실적의 10%이므로 판매실적을 x, 월급여를 y라고 하면 관계식은

$y=70+\frac{x}{10}$

문제 3

기온(t)이 0℃일 때 소리의 속력(v)은 340m/s

문제 4

기울기가 3이고 $(-1,2)$를 지나므로
$y-2=3(x+1)$, 일차함수 식은 $y=3x+5$

문제 5

직선의 기울기는 $\frac{-4-3}{1-2}=7$이므로

$y-3=7(x-2)$ 일차함수 식은 $y=7x-11$

문제 6

(1)

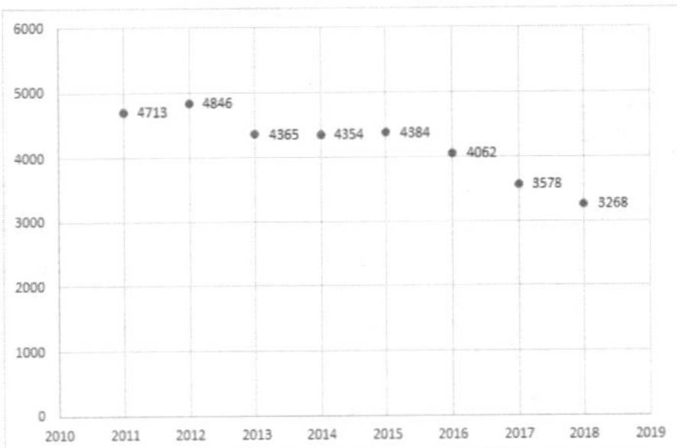

(2) $(2011, 4713)$, $(2018, 3268)$을 지나는 직선의

기울기$=\dfrac{3268-4713}{2018-2011}=-\dfrac{1445}{7}$

$y-3268=-\dfrac{1445}{7}(x-2018)$

즉, $y=-\dfrac{1445}{7}x+419840.8$

(3) $f(2025)=1823$이므로 약 1823(백명)으로 추정할 수 있다.

문제 7

(1)

x(초)	0	1	2	3
$y(m)$	70	65	50	25

(2) 수면에 위치하는 물체의 높이는 0m, $y=0$일 때 $x=\sqrt{14}$으로 물체가 수면에 도착할 때까지 걸리는 시간은 $\sqrt{14}$초

문제 8

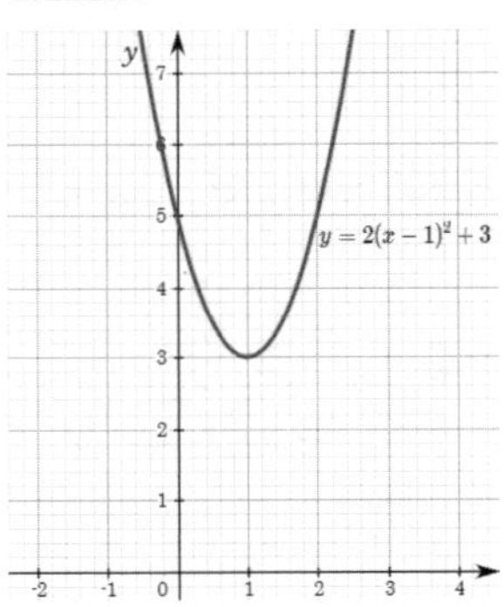

문제 9

(1) $y=x^2+10x+23=(x+5)^2-2$

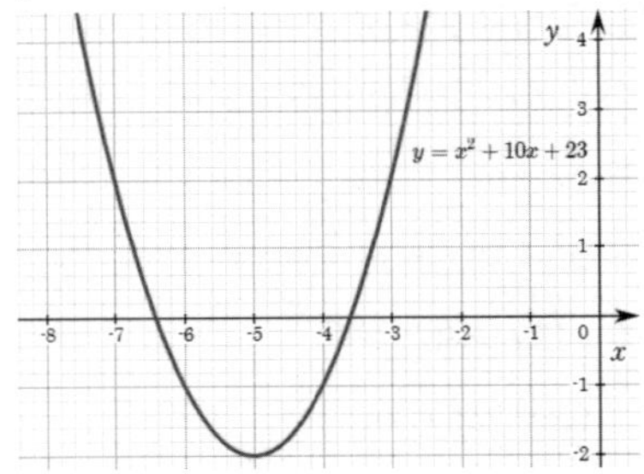

(2) $y=-x^2+6x-4=-(x-3)^2+5$

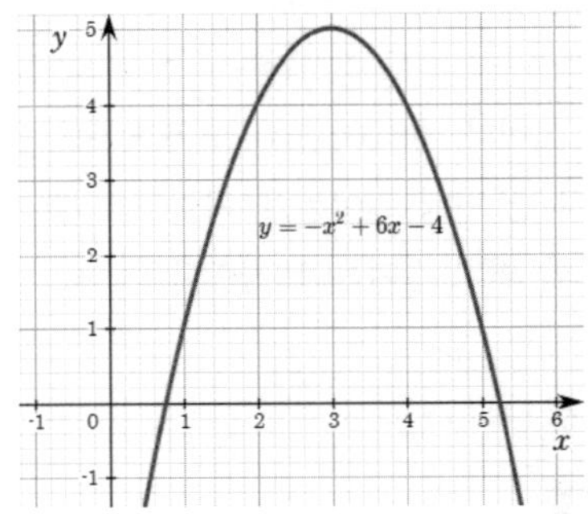

문제 10

(1)

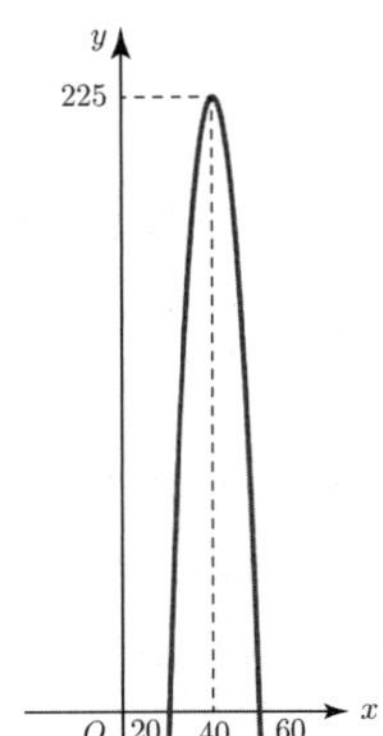

(2) 이윤이 최대가 될 때 물품의 판매개수는 y가 최대가 될 때 x값을 의미한다. 따라서 주어진 함수는 $x=40$일 때 y의 최댓값이 400이 되므로 이윤이 최대가 되는 물품의 판매개수는 40

문제 11

한 개당 이익금을 $100x$원씩 줄인다고 하면 한 개당 이익은 $(1000-100x)$원이고, 하루에 팔리는 카드의 수는 $64+8x$이므로 하루 동안의 이익을 y원이라고 하면

$$\begin{aligned} y &= (1000-100x)(64+8x) \\ &= -800x^2+1600x+64000 \\ &= -800(x-1)^2+64800 \end{aligned}$$

따라서 y는 $x=1$일 때 최댓값을 가지므로 한 개당 900원의 이익을 남기고 팔아야 한다.

4.3

문제 1

(1) $\frac{1}{x^3}=x^{-3}$ (2) $\sqrt[6]{x^3}=x^{\frac{3}{6}}=x^{\frac{1}{2}}$

(3) $(\sqrt[4]{16xy})^5=(16xy)^{\frac{5}{4}}$ (4) $\frac{1}{\sqrt{x}}=\frac{1}{x^{\frac{1}{2}}}=x^{-\frac{1}{2}}$

문제 2

(1) $x^{\frac{5}{6}}\cdot x^{\frac{2}{3}}=x^{\frac{5}{6}+\frac{2}{3}}=x^{\frac{5+4}{6}}=x^{\frac{3}{2}}$

(2) $\sqrt{(x+3)^5}\,\frac{1}{\sqrt{x+3}}=(x+3)^{\frac{5}{2}}(x+3)^{-\frac{1}{2}}$

$=(x+3)^{\frac{4}{2}}=(x+3)^2$

문제 3

현재 개체 수 : 10000

2년 후 개체 수 : $10000+10000\times 0.1$

$=10000\times(1.1)$

4년 후 개체 수 : $10000\times(1.1)+10000\times(1.1)$

$\times 0.1=10000\times(1.1)^2$

6년 후 개체 수 : $10000\times(1.1)^2+10000\times(1.1)^2$

$\times 0.1=10000\times(1.1)^3$

8년 후 개체 수 : $10000\times(1.1)^3+10000\times(1.1)^3$

$\times 0.1=10000\times(1.1)^4$

10년 후 개체 수 : $10000\times(1.1)^5$

$=10000\times 1.61=16100$

문제 4

2019년 생산량 : 500

2020년 생산량 : $500+(500\times 0.1)=500\times(1.1)$

2021년 생산량 : $500\times(1.1)^2$

2022년 생산량 : $500\times(1.1)^3$

2023년 생산량 : $500\times(1.1)^4$

2024년 생산량 : $500\times(1.1)^5=500\times 1.61=805$

문제 5

(1) $\log_2 32=x$ (2) $\log_{10}0.0001=-4$

(3) $2^6=64$ (4) $t^s=N$

문제 6

(1) $\log_{10}1=0$

(2) $\log_2 2=1$

(3) $\log_2\frac{1}{16}=\log_2\frac{1}{2^4}=\log_2 2^{-4}=-4$

(4) $\log_3(3\sqrt{3})=\log_3 3\cdot 3^{\frac{1}{2}}=\log_3 3^{\frac{3}{2}}=\frac{3}{2}$

(5) $\log_4 2=\frac{\log_2 2}{\log_2 4}=\frac{\log_2 2}{\log_2 2^2}=\frac{1}{2}$

(6) $\log_{10}0.001=\log_{10}10^{-3}=-3$

문제 7

(1) $\log_2 4-2\log_2 6+2\log_2\sqrt{18}$

$=\log_2 2^2-2\log_2(2\cdot 3)+2\log_2(2\cdot 3^2)^{\frac{1}{2}}$

$=2\log_2 2-2(\log_2 2+\log_2 3)+2\times\frac{1}{2}\log_2(2\times 3^2)$

$=2-2(1+\log_2 3)+\left(\log_2 2+\log_2 3^2\right)$

$=2-2(1+\log_2 3)+\log_2 2+2\log_2 3$

$=2-2-2\log_2 3+1+2\log_2 3=1$

(2) $3\log_5\sqrt[3]{2}+\log_5\sqrt{250}-\frac{1}{2}\log_5 8$

$=3\log_5 2^{\frac{1}{3}}+\log_5(5^3\cdot 2)^{\frac{1}{2}}-\frac{1}{2}\log_5 2^3$

$=3\cdot\frac{1}{3}\log_5 2+\log_5(5^{\frac{3}{2}}\cdot 2^{\frac{1}{2}})-\frac{3}{2}\log_5 2$

$$= \log_5 2 + \frac{3}{2}\log_5 5 + \frac{1}{2}\log_5 2 - \frac{3}{2}\log_5 2$$
$$= \frac{3}{2}$$

(3) $2^{\log_2 5} = 5$

(4) $\log_2 3 \cdot \log_3 4 \cdot \log_4 2$

$$= \frac{\log_2 3}{\log_2 2} \cdot \frac{\log_2 4}{\log_2 3} \cdot \frac{\log_2 2}{\log_2 4} = 1$$

문제 8

(1) $t=0$은 먼지 제거장치가 가동되기 시작하는 시점을 의미하므로 주어진 식에 $t=0$을 대입하면

$$f(0) = 20 + 180 \times 3^{-\frac{0}{256}}$$
$$= 20 + 180 = 200(\mu g/m^3)$$

따라서 먼지 제거장치가 자동으로 가동되게 하는 $1m^3$당 먼지의 양은 $200\mu g$

(2) $1m^3$ 당 먼지의 양이 $120\mu g$이 되는 시점을 p초라고 하자.
주어진 식 $f(p) = 120$가 되는 p를 계산하면

$$120 = 20 + 180 \times 3^{-\frac{p}{256}}$$

$$100 = 180 \times 3^{-\frac{p}{256}}$$

$$\frac{10}{18} = 3^{-\frac{p}{256}}$$

로그의 정의와 성질을 이용하면

$$\log\frac{10}{18} = \log 3^{-\frac{p}{256}}$$

$$-\frac{p}{256}\log 3 = \log 10 - \log 18$$

$$-\frac{p}{256}\log 3 = 1 - \log(2 \times 3^2)$$

$$-\frac{p}{256}\log 3 = 1 - \log 2 - 2\log 3$$

$$p = -\frac{256(1 - \log 2 - 2\log 3)}{\log 3}$$

$$= -\frac{256(1 - 0.3010 - 2 \cdot 0.4771)}{0.4771}$$

$$= \frac{653312}{4771} \approx 136.9340$$

즉, 먼지 제거장치가 가동되고 137초 후에 먼지의 양이 $120\mu g$ 이하가 된다.

문제 9

(1) $P = 2^{20}$일 때 평균 걷기 속도

$$w(2^{20}) = 0.37\log_2 2^{20} + 0.05$$
$$= 0.37 \cdot 20 + 0.05$$

따라서 $w = 7.45$

(2) $w = 11.15$일 때 이 도시의 인구

$$11.15 = 0.37\ \log_2 P + 0.05$$

$$11.15 - 0.05 = 0.37\ \log_2 P$$

$$\log_2 P = \frac{11.1}{0.37} = 30$$

따라서 $P = 2^{30}$

5장

5.1

문제 1

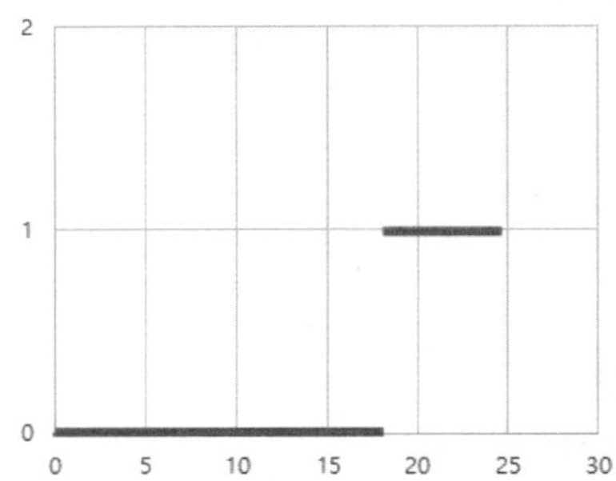

t가 19보다 작은 방향에서 19로 한없이 가까워지면 $f(t)$는 0에 가까워지므로 $\lim_{t\to 19^-} f(t) = 0$

t가 19보다 큰 방향에서 19로 한없이 가까워지면 $f(t)$는 1에 가까워지므로 $\lim_{t\to 19^+} f(t) = 1$

문제 2

(1) $\lim_{x\to 3}(x^2 - 4x + 7) = 9 - 12 + 7 = 4$

(2) $\lim_{x\to 2}(x+1)(x^2-1) = 3 \times 3 = 9$

(3) $\lim_{x\to -2}\frac{x^2+5x-1}{x+3}=\frac{4-10-1}{-2+3}=-7$

(4) $\lim_{x\to 3}\left(1-\frac{3}{x-1}\right)=1-\frac{3}{2}=-\frac{1}{2}$

문제 3

$$\lim_{x\to\infty}\frac{x^2-x}{6x+5}=\lim_{x\to\infty}\frac{x-1}{6+\frac{5}{x}}=\infty$$

문제 4

$$\lim_{x\to 0^+}f(x)=\lim_{x\to 0^+}\frac{x^3+5x^2+x+1}{x^3+x^2+x}=\infty$$

5.2

문제 1

점 (1, 2)에서 접선의 기울기는

$$\begin{aligned}\lim_{x\to 1}\frac{f(x)-f(1)}{x-1}&=\lim_{x\to 1}\frac{2x^2-2}{x-1}\\&=\lim_{x\to 1}\frac{2(x+1)(x-1)}{x-1}\\&=\lim_{x\to 1}2(x+1)=2\cdot 2=4\end{aligned}$$

따라서 기울기가 4이고 한 점 (1, 2)를 지나는 직선의 방정식은 $y-2=4(x-1)$. 즉, $y=4x-2$

문제 2

(1) $\frac{(20+8\cdot 2-5\cdot 2^2)-(20+8\cdot 1-5\cdot 1^2)}{2-1}$

$=\frac{8(2-1)-5(2^2-1^1)}{2-1}=-7\text{m/s}$

(2)
$$\begin{aligned}v(2)&=\lim_{h\to 0}\frac{h(2+h)-h(2)}{h}\\&=\lim_{h\to 0}\frac{8h-5(4h+h^2)}{h}\\&=\lim_{h\to 0}\frac{-5h^2-12h}{h}\\&=\lim_{h\to 0}(-5h-12)=-12\text{m/s}\end{aligned}$$

문제 3

$x=5$일 때 전력 사용량의 순간변화율은

$$\lim_{h\to 0}\frac{f(5+h)-f(5)}{h}=-4$$

문제 4

$$\begin{aligned}f'(a)&=\lim_{h\to 0}\frac{\{(a+h)^2-6(a+h)+4\}-\{a^2-6a+4\}}{h}\\&=\lim_{h\to 0}\frac{2ah+h^2-6h}{h}\\&=\lim_{h\to 0}(2a+h-6)\\&=2a-6\end{aligned}$$

문제 5

$$\begin{aligned}f(x)&=\lim_{h\to 0}\frac{f(x+h)-f(x)}{h}\\&=\lim_{h\to 0}\frac{\sqrt{x+h}-\sqrt{x}}{h}\\&=\lim_{h\to 0}\frac{\sqrt{x+h}-\sqrt{x}}{h}\cdot\frac{\sqrt{x+h}+\sqrt{x}}{\sqrt{x+h}+\sqrt{x}}\\&=\frac{1}{2\sqrt{x}}\end{aligned}$$

문제 6

(1) $f'(x)=11x^{10}$

(2) $f'(x)=2x-\frac{2}{x^3}$

(3) $f'(x)=-6x-\frac{18}{x^7}$

(4) $f'(x)=12x^2+14x-5$

(5) $f'(x)=5x^4+4x^3+21x^2+10x+5$

(6) $f'(x)=11x^{10}+9x^8+8x^7-15x^2-5$

(7) $f'(x)=\frac{-10}{(5x+3)^2}$

(8) $f'(x)=\frac{5x^6+14x^4+x^2}{(x^3+x)^2}$

참고문헌

- 김종남, 정소영. 대학생용 SNS 중독경향성 척도개발 및 타당화 연구, 한국심리학회지, 2014.
- 김진경, 박진호, 박헌진, 이재준, 전홍석, 황진수, 통계학-엑셀을 이용한 분석-,자유아카데미, 2008.
- 민만식, 최영미, 생활속의 수학, 한티미디어, 2017.
- 수학교재위원회, 대학교양수학, 경문사, 2021.
- 수학교재편찬위원회, 경상, 인문계열을 위한 대학수학, 교우사, 2019.
- 이부일, 신지은, 박영옥, 이석훈, 엑셀을 활용한 통계자료 분석-기초편-, 경문사, 2016.
- 통계청 통계교육원, 통계적 소양을 위한 교수 학습 자료, 2016.

저자와의
합의하에
인지를
생략합니다.

EXCEL과 함께하는 대학수학

지은이 강윤수 · 박희숙 · 정수연 · 허남구
펴낸이 조경희
펴낸곳 경문사
펴낸날 2024년 3월 4일 1판 1쇄
등 록 1979년 11월 9일 제1979-000023호
주 소 04057, 서울특별시 마포구 와우산로 174
전 화 (02)332-2004 팩스 (02)336-5193
이메일 kyungmoon@kyungmoon.com

값 22,000원

ISBN 979-11-6073-672-4

★ **경문사의 다양한 도서와 콘텐츠를 만나보세요!**

홈페이지	www.kyungmoon.com	페이스북	facebook.com/kyungmoonsa
포스트	post.naver.com/kyungmoonbooks	블로그	blog.naver.com/kyungmoonbooks
북이오	buk.io/@pa9309	인스타그램	instagram.com/kyungmoonsa

도서 중 **정오표** 및 **학습자료**가 있는 경우 홈페이지 내 해당 도서 상세 페이지의 **자료** 탭에 업로드됩니다.